SONJA MEIBURG

GASSI TRAINING

Entspannt an der Leine
und im Freilauf

KOSMOS

INHALT

Bevor wir starten

Was stellst du dir unter dem perfekten Hundegassi vor? Durch Wald und Wiesen streifen und dabei Rehe beobachten? Bällchen werfen auf einer Wiese? Durch die Stadt spazieren und im nächsten Café einen Latte Macchiato schlürfen, während dein Hund zu deinen Füßen liegt? All das macht nur Spaß, wenn deine Bedürfnisse und die deines Hundes auf einer Wellenlänge liegen. Wenn du lieber gemütlich durch die Gegend schlurfst, dein Hund aber jede Menge Energie abzuarbeiten hat, dann wird es schwierig. Genauso wie in den Momenten, in denen du gemütlich auf einer Wiese sitzen möchtest, dein Hund aber den nächsten Menschen auf einem Fahrrad hetzen möchte.
In meinem Leben gab es schon Hunde, die mit einer extremen Vehemenz jede Nachbarskatze verhauen wollten. Hunde, die schon aus dem Hemd gesprungen sind, wenn andere Hunde noch 30 Meter entfernt waren. Hunde, die Fahrräder zum Fressen gerne hatten, und Hunde, die jeden Menschen, der uns entgegenkam, sofort als besten Kumpel adoptieren und verschmusen wollten. All das war mir nicht unbedingt recht, aber ich habe schnell merken müssen, dass es nicht viel hilft, Verhalten ständig durch Strafen unterdrücken zu wollen. Meine Hunde waren dann eben schneller, geschickter, heimlicher unterwegs, weil ihnen die Nachbarskatze, Fahrräder oder Menschen so extrem wichtig waren. Es musste also anders funktionieren.
Es geht häufig um die Fragen: „Was braucht mein Hund? Und was brauche ich? Und wie kriege ich beides unter einen Hut, sodass wir beide entspannt Gassi gehen können, ohne uns oder die Umwelt zu nerven?“
Wie du deine Gassibedürfnisse mit denen deines Hundes in Einklang bringst, wie du es schaffst, dass dein Hund an lockerer Leine geht, wie du Begegnungen meisterst und wie dein perfektes Gassi aussehen kann, lernst du in diesem Buch. Ich wünsche dir und deinem Hund eine wunderbar entspannte Zeit miteinander.

Liebe Grüße,
Sonja Meiburg

DEIN PERFEKTES GASSI

WO SEID IHR AM LIEBSTEN UNTERWEGS?

Bewegt ihr euch lieber rund um
bewohnte Gebiete oder fahrt ihr lieber ins Grüne?

Entdecke eure Vorlieben

Jetzt darfst du einfach mal träumen. Wie sieht DEIN ganz persönliches, perfektes Gassi aus? Wir sind ja alle verschieden. Eine streunt gerne durch den Wald, schaut in die Luft und genießt das Vogelzwitschern. Ein anderer geht lieber durch den Stadtpark und setzt sich ins nächste Café. Schreib mal auf.

Was ist dein ganz perfektes Gassi? Schlenderst du gerne langsam durch die Gegend oder bist du eher flott unterwegs? Bist du gerne im Wald? Draußen auf dem Feld? Im Stadtpark? In der Fußgängerzone? Magst du es gerne kühler oder gehst du lieber in der prallen Sonne spazieren? Läufst du lieber auf ebenem Asphalt, hellem Schotter oder weichen Waldwegen?
Und was tust du dabei gerne? Hörst du gerne Podcasts? Schaust du auf dein Handy? Sitzt du gerne auf der Parkbank und beobachtest Leute? Gehst du gerne auf die Hundewiese? Trainierst du beim Gassi gerne mit deinem Hund? Schreibe das mal ganz genau auf.
Als Nächstes ist dein Hund dran. Was wäre sein Traumgassi? Dein Hund ist genauso ein Individuum wie du mit eigenen Vorlieben und Abneigungen. Wenn du schon einige Zeit mit deinem Hund, egal ob jung oder erwachsen, zusammenlebst, kennst du ganz bestimmt die Lieblingsaktivitäten deines Hundes. Mag er den Wald und seine Gerüche? Würde er gerne jagen gehen? Mag er lieber eine ruhige Wohngegend oder die Innenstadt mit vielen Menschen? Mag er gerne andere Hunde treffen oder ist ihm eine ruhige, aktionslose Runde lieber? Ist er gerne schnell unterwegs oder trabt er lieber gemütlich von Blümchen zu Blümchen? Hat er im Sommer Schwierigkeiten mit warmen Temperaturen? Oder hat er wenig Unterwolle, sodass er schon bei etwas kühleren Temperaturen oder Wind bereits friert? Ist er sicher auf den Beinen, sodass er auch auf Schotter laufen kann? Oder ist er nicht ganz so souverän auf unebenem Grund unterwegs? Wie lange kann dein Hund überhaupt Gassi gehen? Wenn du dir nicht sicher bist, was dein Hund mag, probier es aus.

Trainierst du gerne beim Gassi?

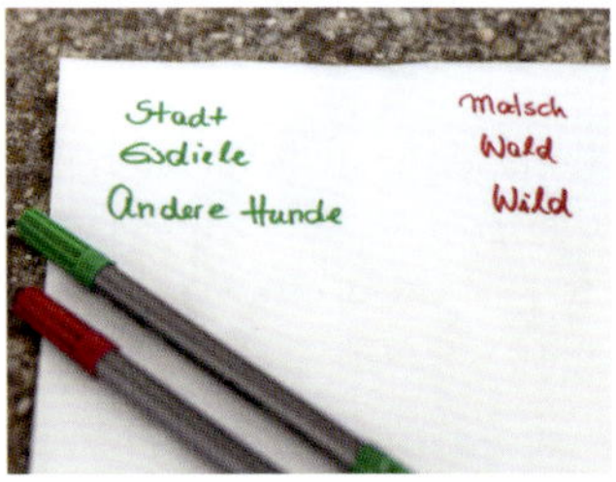

1. Manche Hunde sind sehr gesellig.

2. Erstelle eine Gassi-Vorlieben-Liste.

Geh mal in der Stadt, geh mal in den Wald. Geh mal schneller, geh mal langsamer. Beobachte deinen Hund dabei. Wo hast du das Gefühl, dass er sich besonders wohl fühlt? Findet er Hundebegegnungen wirklich interessant oder stressen sie ihn eher? Was passiert, wenn du kein Tempo vorgibst, sondern dich deinem Hund anpasst? Läuft er dann eher schneller oder läuft er eher langsamer? Was passiert, wenn du deinen Hund die Richtung angeben lässt? Geht er lieber im Wohngebiet spazieren oder landet ihr plötzlich vor einem Baumarkt?
Ja, das ist alles schon vorgekommen. Hunde haben manchmal völlig andere Vorlieben als wir Menschen.
Was auch noch wichtig sein kann: Genau wie bei uns Menschen können sich die Vorlieben deines Hundes im Laufe seines Lebens ändern. Biete ihm also gerne ab und zu mal eine neue Umgebung oder eine neue Art des Gassis an und schau mal, wie er reagiert. Wer weiß, vielleicht gefällt ihm auf einmal das Wohngebiet um die Ecke besser als die Hundwiese, die er vorher so mochte.

UND WAS MACHST DU JETZT MIT DIESEN INFORMATIONEN?

Wenn du mit deinen Notizen fertig bist, stell sie doch mal einander gegenüber. Was habt ihr gemeinsam? Kreise das grün ein. Wo habt ihr unterschiedliche Interessen? Kreise das rot ein.
Wenn dein Hund und du dieselben Dinge mögen: Herzlichen Glückwunsch! Dann hast du den Jackpot gezogen. Egal, wo du spazierengehen möchtest: Dein Hund wird es klasse finden.
Aber was tust du, wenn dem nicht so ist? Es kann zum Beispiel gut sein, dass du gerne einen Laufbegleiter hättest, dein Hund aber lieber ausgiebig an jedem Grashalm schnüffeln würde. Es kann auch passieren, dass du gerne durch den Park gehst und dich hinterher in ein Café setzt, dein Hund aber keine Lust hat, sich auf den kalten Fliesenboden zu legen, ständig Leute über sich drüberstolpern zu lassen und bei jedem vorbeiziehenden Fiffi gleich aus dem Hemd springt.

Nutze deine Liste! Gestalte deine Gassis zu einem großen Teil so, dass ihr beide Spaß daran habt. Das heißt: Sorge dafür, dass du möglichst oft so Gassi gehst, dass die Dinge, die du grün eingekreist hast, möglichst oft vorkommen. Damit schaffst du eine gute Voraussetzung für einen entspannten Spaziergang und den können wir alle gut gebrauchen.
Dort, wo du und dein Hund unterschiedliche Interessen haben, darfst du überlegen, wie ihr euch so gut wie möglich annähern könnt. Wenn du gerne im Café sitzt, dein Hund aber gerne an ruhigen Stellen im Wald unterwegs ist: Könntet ihr vielleicht zunächst eine einsame Waldrunde drehen, auf der dein Hund ausgiebig schnüffeln und sich erleichtern kann, bevor du ein ruhiges Café in Waldnähe aufsuchst?
Wenn du gerne in der Stadt unterwegs bist, dein Hund damit aber völlig überfordert ist: Kannst du vielleicht zuerst mit deinem Hund auf seinen Lieblingsfeldwegen spazierengehen und ihn danach daheim lassen, während du einen Stadtbummel unternimmst?
Wenn du gerne mit anderen Hundemenschen reden möchtest, dein Hund aber mit fremden Hunden so gar nichts anfangen kann: Kannst du vielleicht mit ein, zwei ausgesuchten Hunden und ihren Menschen viel Zeit investieren, damit sich dein Hund und deren Hunde ganz in Ruhe und mit viel Gespür kennenlernen können? So hättest du Kontakt zu anderen Hundeleuten und dein Hund lernt vielleicht nach und nach ein paar neue Hundekumpels kennen.
Wenn es draußen heiß ist, ist es besser, wenn du die frühen Morgenstunden nutzt und Wege suchst, die schön schattig sind. Im Winter könnte es sein, dass dein Hund einen Mantel braucht oder du Wege suchen solltest, die salzfrei sind. Vielleicht kann dein Hund im Winter körperlich bedingt auch nur ganz bestimmte Strecken gehen, die eisfrei und eben sind, statt sich durch tiefen Schnee und unebenen Untergrund kämpfen zu müssen. Insbesondere kleine Hunde bekommen sowohl im Sommer als auch im Winter die volle Packung vom Boden ab. Im Sommer reflektiert die Hitze, im Winter die Kälte. Da solltest du die Gassiwege schon wirklich gut aussuchen.
Vielleicht fragst du dich jetzt, warum du diesen Aufwand auf dich nehmen solltest. Dein Hund könnte doch einfach da hingehen, wo du hin möchtest, ob er das nun super findet oder nicht. Das steht dir natürlich frei. Dein Hund kann es sich ja nicht aussuchen. Du bist der Mensch, der den Gassiweg bestimmt. Es könnte nur sein, dass dein Gassi wesentlich entspannter verläuft, wenn du nicht nur deine eigenen Bedürfnisse berücksichtigst, sondern auch die deines Hundes. Das sind dann beste Voraussetzungen, um es mit allen Herausforderungen, die ein Spaziergang manchmal mit sich bringen kann, aufzunehmen und gemeinsam eine richtig gute Zeit zu haben!

Kleine Hunde kriegen viel Hitze oder Kälte vom Boden ab.

Wie lange und wie viel?

Es macht nicht nur Sinn, sich darüber Gedanken zu machen, wie so ein Gassi am besten aussehen soll, sodass es für dich und deinen Hund angenehm ist. Es macht auch Sinn, wenn du dir überlegst, wie lange oder wie weit du gehen solltest.

Die meisten Hundeleute, die ich kenne, neigen dazu, ihren Hund in Sachen Gassi zu überschätzen. Es herrscht immer noch die einhellige Meinung, dass für das Gassi gilt „Je länger und je weiter, umso besser für den Hund".
Das stimmt aber nicht unbedingt. Die ideale Gassi-Intensität hängt vom Gesamtzustand und der Tagesform deines Hundes ab und ist sehr individuell. Wenn du genau hinschaust, erkennst du, wie viel Gassi dein Hund gebrauchen kann. Zwei Anzeichen, dass dein Gassi zu lange/zu weit ist:

1. Dein Hund läuft langsamer als du
Wenn dein Hund immer mal wieder zurückbleibt, ewig vor sich hinschnüffelt, nur noch langsam hinter dir hertrottet, sich vielleicht sogar hinsetzt oder hinlegt, dann dauert dein Gassi schon zu lange. Dein Hund zeigt dir deutlich, dass er nicht mehr möchte. Vielleicht ist es zu warm oder zu kalt, vielleicht ist der Weg für deinen Hund nicht so gut begehbar, vielleicht ist er sogar krank und ihm tut etwas weh. Egal, was es ist: Zwing deinen Hund nicht dazu, weiterzugehen. Dreh um und geh heim. Wenn dein Spaziergang für dich noch nicht lang genug war, geh einfach nochmal alleine los.

2. Dein Hund dreht hohl, sobald du nach Hause kommst
Wenn dein Hund nach dem Gassi erst so richtig aufdreht, durch den Garten oder das Wohnzimmer schießt, über Tische und Bänke geht, ist die Wahrscheinlichkeit recht groß, dass das Gassi zu aufregend war. Das ist KEIN Zeichen für eine Unter- sondern wahrscheinlicher für eine Überforderung. Vielleicht war die Strecke zu lang und dein Hund hatte permanent neue Eindrücke vor seiner Nase. Vielleicht war in den letzten Tagen viel los in eurem Leben und dein Hund hatte nicht genügend Schlaf. Vielleicht ist dein Hund noch recht jung und von den vielen Gassi-Impressionen total überreizt. Vielleicht bist du in dieser Woche schon drei Mal eine unbekannte Strecke mit deinem Hund gegangen und er ist völlig aus seiner Routine raus. Du kannst auch mal versuchen, einen Hin- und Rückweg zu gehen, statt einen Rundweg zu machen. Auf dem Rückweg kennt dein Hund viele Reize schon und ist dann nicht mehr so aufgeregt. Wenn dein Hund nach dem Gassi regelmäßig völlig überdreht ist, solltest du die Intensität deiner Spaziergänge überdenken. Kürze mal zwei Wochen lang deine Gassis um die Hälfte und gehe nur be-

Action ist natürlich auch wichtig.

kannte Strecken. Prüfe auch, ob dein Hund genügend ruht (ein erwachsener Hund ruht gerne mal 18–20 Stunden/Tag). Beobachte deinen Hund in diesen zwei Wochen: Wird er ruhiger? Dann passe eure Spaziergang-Routine entsprechend an.

Natürlich darf und soll ein Gassi auch mal aufregend, spannend oder gar stressig sein! Spiel mit deinem Hund! Sorge für neue Reize und Aufregung und Anregung! Dafür gehst du eben beim nächsten Mal wieder dort spazieren, wo ihr beide in Ruhe die Seele baumeln lassen könnt.

WAS RUHE INS GASSI BRINGT

- ☐ Hin- und Rückweg, statt Rundweg
- ☐ Leckerchen oder Spielzeug verstecken.
- ☐ Auf einer Bank sitzen und den Hund etwas kauen lassen
- ☐ Auf einer Decke sitzen und in die Gegend schauen
- ☐ Den Hund wenig stören und, wo es möglich ist, einfach mal machen lassen
- ☐ Viel schnüffeln lassen
- ☐ In Gegenden mit wenig aufregenden Reizen spazierengehen
- ☐ Uhrzeiten wählen, zu denen wenig los ist

WAS AUFREGUNG INS GASSI BRINGT

- ☐ Permanent an kurzer Leine laufen müssen, kostet Selbstbeherrschung
- ☐ Schnüffeln verbieten
- ☐ Viele aufregende Spiele wie Ballwerfen.
- ☐ Ständig neue Orte oder Reize
- ☐ Uhrzeiten wählen, zu denen es viele Wildspuren oder Hundebegegnungen gibt
- ☐ Den Hund ständig weiterziehen, weil der Mensch im Stechschritt spazierengehen möchte

WAS MAN SO BRAUCHT

Hund und Mensch freuen sich über gut passendes, solides Material.

Das Equipment

„Was soll ich schon groß mitnehmen? Leine und Halsband reichen doch." Grundsätzlich ist das gar nicht so falsch. Es ist nicht notwendig, dass du schwer bepackt mit deinem Hund in den Wald ziehst.

Es schadet aber nicht, wenn du dir dein Equipment mal genauer anschaust. Manche Dinge können dir dabei helfen, bequemer und sicherer mit deinem Hund durch die Welt zu stiefeln, potenziell unangenehme Situationen eleganter und entspannter zu meistern und mehr Spaß zusammen zu haben. Neben den Dingen, die ich dir im Kasten aufgelistet habe, auch alles, worauf du Lust hast, wenn ihr zwischendurch mal eine Pause machen möchtet: Picknickdecke, Kauspielzeug, Tee, Knabberzeugs für dich …

BRUSTGESCHIRR/HALSBAND

Meine Empfehlung ist ganz klar: Ein gut sitzendes Brustgeschirr! Dein Hund wird trotz sehr guter Erziehung ab und zu mal an der Leine ziehen. Es könnte auch sein, dass du ihm unabsichtlich einen Ruck zufügst und du möchtest sicher nicht, dass dieser Ruck am empfindlichen Hundehals ankommt, sondern dass diese Kräfte sich gut am Hundekörper verteilen. Nutze daher am besten ein Brustgeschirr. Achte darauf, dass Rücken- und Bauchgurt lang genug sind, damit das Geschirr nicht an der Achselregion, sondern weiter hinten sitzt. Am besten beraten bist du mit einem Brustgeschirr, das für deinen Hund maßangefertigt wird. Diese Geschirre sind, je nach Anbieter*in, auch nicht teurer als Geschirre von der Stange. Wenn du einen Hund hast, der aus gesundheitlichen Gründen oder aus tiefster Abneigung heraus nicht mit einem Brustgeschirr klarkommt, bleibt dir nichts anderes übrig, als ein Halsband zu verwenden. Achte dann darauf, dass das Halsband möglichst breit ist und sich über mehrere Halswirbel erstreckt und nutze einen Ruckdämpfer.
Ein Ruckdämpfer ist eine Art Expander, der sich auseinanderzieht, wenn Zug auf die Leine kommt. Dadurch wird ein plötzlicher, heftiger Ruck an der Leine vermieden. Nutze einen Ruckdämpfer, wenn du deinen

DINGE, DIE DU MITNEHMEN KANNST …

… aber nicht alle mitnehmen musst:

- ☐ Brustgeschirr/Halsband
- ☐ Leine (ggf. Handschuhe)
- ☐ Ruckdämpfer
- ☐ Hundemantel
- ☐ Wasser
- ☐ Leckerchen/Tasche
- ☐ Spielzeug
- ☐ Haufentüten

1

2

3

1. Ein Ruckdämpfer kann eine Erleichterung für Mensch und Hund sein.

2. Ein Brustgeschirr ist für die meisten Hunde angenehmer als ein Halsband.

3. Nutze eine Leine mit einem leichten, aber stabilen Karabiner.

Hund am Halsband führen musst. Du kannst ihn auch verwenden, wenn du zum Beispiel Schulterschmerzen hast und ein plötzlicher Ruck an der Leine, den dein Hund verursacht, sehr unangenehm für dich ist. Da kann ein Ruckdämpfer eine gute Hilfe sein, weil er aus einem plötzlichen Ruck einen gleichmäßigen Zug macht. Aber Achtung: Dein Hund hat mit Ruckdämpfer einen etwas größeren Radius. Plane das mit ein.

LEINE ODER SCHLEPPLEINE

Welche Leine du am besten verwendest, hängt von einigen Faktoren ab. Sie sollte gut in der Hand liegen, also breit genug sein. Zusätzlich solltest du überlegen, was du an Hundegewicht und -power so halten kannst. Wenn dein 25-Kilo-Hund 20 Meter Anlauf hat und dazu neigt, mit Vollgas in die Leine zu brettern, könnte es sein, dass du hinterher fliegst. Nutze also Leinenlängen, bei denen du deinen Hund noch gut gehalten bekommst. Achte auch darauf, keine sehr dünnen Leinen zu verwenden. Die schneiden fies ein und können Brandblasen verursachen. Wenn dein Hund dazu neigt, in die Leine zu brettern, können dir auch Fahrradhandschuhe helfen, damit du die Leine halten kannst, ohne dass sie dir in den Händen brennt.
Wenn du einen kleinen Hund hast, ist es für dich zusätzlich wichtig, eine Leine zu verwenden, die nicht zu schwer ist, damit dein 8-Kilo-Hund keine 2-Kilo-Leine hinter sich herziehen muss.
Manche Menschen bevorzugen eine Ausziehleine, damit die Leine nicht

im Dreck hängt. Die sogenannte „Flexileine" hat aber auch Nachteile. Dein Hund läuft damit immer gegen einen leichten Dauerzug. Verwendest du sie am Halsband, muss sich der empfindliche Halsbereich deines Hundes immer gegen diesen leichten Dauerzug stemmen. Das kann auf Dauer zu körperlichen Veränderungen und Problemen durch die Daueranspannung führen. Am Geschirr ist das etwas besser, aber auch da ist es für deinen Hund anstrengender, sich frei zu bewegen. Du kannst das dadurch verhindern, dass du die Leine in einer bestimmten Länge feststellst, allerdings landet sie dann auch wieder im Dreck und da könntest du genauso gut eine Schleppleine verwenden.
Und noch eine kleine Anmerkung: Achte darauf, dass deine Schleppleine einen stabilen, aber nur leichten Karabiner am Leinenende besitzt. Ist der Karabiner recht schwer und liegt immer auf einer Seite des Hunderückens oder des -halses, kann es passieren, dass deinem Hund das Gewicht unangenehm wird und er sich an dieser Stelle verspannt. Das kannst du verhindern, indem du einen leichteren, angenehmeren Karabiner verwendest.

HUNDEMANTEL

Egal, wie viel Fell dein Hund hat: Es kann sein, dass er friert, wenn es draußen regnet, windet oder kalt ist. Wenn du bemerkst, dass dein Hund friert, gönn ihm einen Hundemantel. Einen, der den gesamten Rücken und auch einen Teil des Bauchs bedeckt. Damit ist ihm mollig warm und seine Muskeln verspannen nicht so schnell.

WASSER

Auf einer herbstlichen Minirunde musst du sicher kein Wasser mitnehmen. Wenn die Temperaturen steigen, solltest du aber vorsichtshalber eine den Temperaturen und der Dauer des Spaziergangs angemessene Menge Wasser mitnehmen. Kleiner Tipp: Wenn du bei warmem Wetter ein wenig Gemüsebrühe in dein Wasser mischst, schmeckt es deinem Hund häufig besser, er trinkt etwas mehr und kann dann auf bakterienverseuchtes Pfützenwasser besser verzichten. Du kannst sogar einen Eiswürfel mit ins Wasser geben, sodass es etwas gekühlt bleibt. Auch das mundet den meisten Vierbeinern besser als lauwarme Plörre. Im Sommer kann so ein geschmacklich aufgepimptes Wasser für deinen Hund eine schönere Belohnung sein als jedes Leckerchen.

Auf längeren Runden freut sich dein Hund, wenn du Wasser dabei hast.

Praktisch für heiße Tage: Diese Leckerlitasche kann mit einem Kühlpad bestückt werden.

LECKERCHEN UND ANDERE BELOHNUNGEN

Ja, ich weiß, es gibt Menschen, die ihrem Hund keine Leckerchen geben möchten, weil ihre eigene Rudelführeraura ausreichen soll, um den Hund qua Rudelführerenergie zum Gehorsam zu zwingen. Bitte tu dir selbst einen Gefallen und motiviere deinen Hund so, dass es ihm großen Spaß macht, mit dir zu kooperieren, denn wenn er Spaß daran hat, mit dir gemeinsam etwas zu tun, tut er das auch zuverlässig. Da jeder Hund fressen muss und sich die meisten Hunde durch Leckerchen sehr gut motivieren lassen: Nutze sie! Lass dieses wertvolle Werkzeug nicht weg, weil du denkst, dein Hund müsse gehorsam sein, nur weil du das willst. Damit machst du dir und deinem Hund das Leben nur unnötig schwer. Ich persönlich bevorzuge es, meinen Hund sehr abwechslungsreich zu belohnen.

Es gibt so viele tolle Belohnungen. Leckerchen sind trotzdem immer mit dabei, denn die werden sehr, sehr gerne genommen. Dabei achte ich darauf, dass ich Leckerchen verwende, die mein Hund wirklich gerne mag. Trockenfutter steht zum Beispiel im Sommer nicht so hoch im Kurs. Es zerbröselt im Mund zu Staub. Da sind Käse, Leberkäs oder sehr kleingeschnittene Wiener viel besser. Wenn die im Sommer schmieren, weil sie zu warm werden, hier ein kleiner Trick: Wickel ein Kühlpad in ein dünnes Tuch und steck das Pad in deinen Leckerchenbeutel. Das Pad hält deine Leckerchen schön kühl und griffig. Da schmiert nichts mehr und dein Hund ist dankbar für die kühle Erfrischung in der Sommerwärme. Mittlerweile gibt es sogar Leckerchenbeutel mit integrierten Kühlpad-Taschen. Die sind perfekt für die Sommermonate geeignet.

LECKERCHENBEUTEL

Wenn du Leckerchen mitnimmst, ist es sinnvoll, sie so mitzuführen, dass du sie bequem, schnell und ohne dass du dir deine Finger brichst, erreichen kannst. Das ist nicht der Fall, wenn du deine Futterbelohnungen in der Hosentasche aufbewahrst. So ein schicker, praktischer Leckerchenbeutel ist eine feine Sache. Da wirfst du einfach alles rein, kannst hinterher den Beutel mit den Restleckerchen in den Kühlschrank stellen und bei Bedarf einfach auf links drehen und in die Spül- oder Waschmaschine geben und deine Hosen-, Rock- oder Jackentaschen bleiben sauber.

HUNDEHAUFENTÜTEN

Das hier ist ein Gassi-Ratgeber. Daher gehe ich mal davon aus, dass dein Hund durchaus auch mal außerhalb deines Gartens sein Geschäft verrichtet. Wenn du dann ein paar Tüten dabei hast, kannst du die Hinterlassenschaften dort, wo sie stören, bequem aufnehmen. Kleiner Tipp: Eine luftdicht verschlossene Plastikdose ist das perfekte Behältnis, um eine Hundehaufentüte aufzubewahren, falls der nächste Mülleimer etwas auf sich warten lässt. Die Dose verhindert den unangenehmen Geruch und du musst die Tüte nicht die ganze Zeit in der Hand mit dir herumtragen. Und dann kannst du optional noch alles einpacken, was du für einen längeren Spaziergang gebrauchen kannst und gerne mitnehmen möchtest. Zum Beispiel Spielzeug für deinen Hund, wenn er draußen gerne spielt. Oder eine kleine Picknickdecke. Oder Kautrockenartikel für längere Pausen. Oder ein gefülltes Kauspielzeug. Fressalien und Getränke für dich. Ein Buch (auf Papier oder elektronisch). Ein Notizbuch für Skizzen oder das Aufschreiben von Gedanken. Whatever. Nichts muss, alles kann. Da schleppst du natürlich schon einen kleinen Rucksack mit dir herum, aber wenn du eine längere Gassitour vorhast, mach es euch so schön wie möglich. Gassi-Zeit ist Qualitätszeit.

MEINE BELOHNUNGEN

- ☐ Leckerchen (suchen, fangen, entdecken, erschnüffeln, ausbuddeln, erjagen, auspacken, zerrupfen und so weiter)
- ☐ Rennspiele
- ☐ Zerrspiele
- ☐ Rangeleinheiten, bei denen wir uns gegenseitig schubsen und viel Spaß dabei haben
- ☐ Pfeifen auf einem Grashalm, der hinterher geschnappt und zerrupft werden darf
- ☐ Im Fluss planschen lassen
- ☐ Im Gras wälzen lassen (wird an passender Stelle sehr gerne als Belohnung angenommen)
- ☐ Interessante Dinge ruhig beobachten lassen (wie z. B. grasende Rehe, sich putzende Katzen, radelnde Menschen, ballspielende Kinder)
- ☐ Hundekontakt (mit ausgesuchten Spielkumpels)
- ☐ Menschen in der Nachbarschaft begrüßen lassen (wenn das von Hund und Mensch gewünscht ist)

DER HUND AN DER LEINE

GEMEINSAM UNTERWEGS

Es gibt ein paar Regeln, an die sich jeder halten sollte, damit ein entspanntes Miteinander gelingt.

Gassi-Knigge

Ich kann mich des Gedankens nicht erwehren, dass ein kleiner Leitfaden zum richtigen Verhalten während des Gassis eigentlich unnötig wäre. Würden wir alle etwas Rücksicht aufeinander nehmen und uns so verhalten, wie wir uns das auch von anderen wünschen würden, sollte das eigentlich ausreichen.

Wenn ich mir meine Mitmenschen allerdings so anschaue, erscheint es mir doch so, dass wir durchaus unterschiedliche Ansichten in Sachen „Rücksichtnahme" haben. Ich habe daher mal nicht nur selbst überlegt, sondern auch im Bekanntenkreis gefragt, was für die meisten Hundemenschen die wichtigsten Gassi-Knigge-Regeln sind. Und das kam dabei heraus:

HUNDEBEGEGNUNGEN

Lasse deinen Hund bitte nur zu anderen Hunden oder Menschen, nachdem du dafür ein ausdrückliches „Okay" erhalten hast. Das gilt insbesondere, wenn du schon von Weitem merkst, dass jemand hektisch versucht, dir auszuweichen oder sogar den Weg verlässt, um sich ins Unterholz zu schlagen. Geh einfach davon aus, dass der Mensch einen guten Grund für sein Verhalten hat. Nicht jeder Hund oder Mensch freut sich, wenn dein Hund ihn begrüßen möchte. Es kann auch sein, dass der Mensch sich hektisch entfernt, um DEINEN Hund zu schützen. Bitte nimm diese Warnzeichen ernst und mache einen Bogen um das andere Hund-Mensch-Team. Das beinhaltet auch, dass du deinen Hund in solchen Situationen anleinst, wenn er nicht ohne Leine bei dir bleibt. Das ist keine Schwäche, das ist Rücksicht.

Auch das gehört zum guten Ton: Kot aufsammeln.

Ist eine Ecke uneinsehbar, halte deinen Hund kurz.

DEN HUND IM BLICK

Behalte deinen Hund im Auge. Lass ihn bitte nicht einfach um die nächste, uneinsehbare Ecke oder im Wald verschwinden. Du weißt nicht, was sich dort befindet. Ob es ein Kind ist, das sich vor deinem Hund erschreckt, ob es ein Reh ist, das von deinem Hund überrascht wird, ob dort plötzlich ein Fahrrad angefahren kommt, in das dein Hund rein rennt. Wenn du deinen Hund im Auge behältst und immer weißt, wo er ist und wie er sich gerade verhält, kannst du auf überraschende Situationen viel besser reagieren.

ANDERE MENSCHEN MIT HUND

Wenn du ein Hund-Mensch-Team passierst, das dir auszuweichen versucht und bei dem der Hund vielleicht sogar schon bellt, halte den größtmöglichen Abstand, grüße freundlich und geh weiter. Wenn du dir nicht sicher bist, wie du dich verhalten sollst: Frag einfach. Sprecht euch ab. Halte nicht an, um dem Hundemenschen Tipps zu geben oder ihn darauf hinzuweisen, dass dein Hund ja ganz freundlich ist und er ja mal eine gute Hundeschule besuchen könnte. Sei kein Arsch. Dir wird diese Regel spätestens dann wieder einfallen, wenn du selbst mal einen Hund hast, der Probleme mit anderen Hunden oder Menschen hat. Karma regelt das. Ich weiß das, weil ich selbst vor Jahrzehnten mal zu den Menschen gehörte, die mit ihren superbraven Hunden und stolzgeschwellter Brust durch die Gegend stolzierte. So lange, bis der Hund kam, der mir diesen Stolz auf meine tollen Fähigkeiten schnell abgekauft hat. Sei nicht so, wie ich war. Sei kein Arsch.

FREILAUF

Mach dich schlau, wo du deinen Hund ableinen darfst und wo nicht. Es gibt Menschen, die extra in den Gegenden spazieren gehen, in denen Hunde an der Leine zu führen sind. So können sie unerwünschte Begegnungen mit freilaufenden Hunden vermeiden. Achte bitte auch auf die Brut- und Setzzeit, während der in verschiedenen Bundesländern unterschiedliche Regelungen zum Schutz von Wildtieren gelten. Sollte dein Hund nicht abrufbar sein, lass ihn nur dort leinenlos laufen, wo es für euch und auch für andere sicher ist (z. B. in einem großen, eingezäunten Gebiet). Du kannst auch eine Schleppleine verwenden, sodass dein Hund mehr Auslauf hat als an kurzer Leine. Dennoch sollte dein Hund zwischendurch nach Herzenslust rennen und toben dürfen. Manche Hundeplätze bieten an, dass du deinen Hund auf ihrem Gelände frei laufen lassen kannst.

DIE HINTERLASSENSCHAFTEN

Lasse deinen Hund bitte nicht einfach überall hinpinkeln. Zum Beispiel sind Häuserecken, Hecken rund um private Gelände, schmale Rasenstreifen vor privaten Gärten oder Autoreifen keine guten Pieselstellen. Dort riecht Urin sehr unangenehm und du machst nicht nur dich, sondern alle Hundemenschen in dieser Gegend schnell unbeliebt. Dass du Hundekot dort aufhebst, wo er jemanden stören könnte, ist eh selbstverständlich, oder?

BUDDELN ERLAUBT?

Manche Hunde haben riesengroßen Spaß am Buddeln oder daran, in frisch aufgeschüttete Laubhaufen zu springen. Es sei ihnen auch von Herzen gegönnt. Achte aber darauf, dass du deinen Hund nur dort buddeln lässt, wo niemand in das Loch treten und sich verletzen kann und/oder fülle das Loch hinterher so gut es geht wieder auf. Und zu den Laubhaufen: Durchs Laub jagen kann dein Hund auch unter großen Bäumen oder im Wald, wo niemand das Laub wieder zusammenkehren muss.

Ach, eigentlich geht es wirklich nur darum, ein wenig Rücksicht auf andere zu nehmen. Nicht jeder Mensch (und nicht jeder Hund) mag fremde Hunde und das ist auch völlig okay. Wenn wir ein wenig Rücksicht nehmen, nehmen andere auf uns auch Rücksicht. Und das ist doch eigentlich eine Win-Win-Situation, oder?

Rücksicht zahlt sich für alle aus.

VERBINDUNG ZUM HUND

Training zahlt sich aus, denn der Hund wird die Leine nicht als unangenehm empfinden.

Die Leinenführigkeit

Es kann sein, dass du einen wunderbar erzogenen Hund hast, der in jeder Situation perfekt gehorcht und den du nicht aus den Augen lässt, damit du kritische Situationen sofort erkennst und lösen kannst. Dann kann es sein, dass du fast nie eine Leine brauchst. Damit bist du aber die absolute Ausnahme.

Gehorcht dein Hund nicht immer aufs Wort, weil er abgelenkt oder durch manche Situationen schlicht überfordert ist, dann sei dir hiermit gesagt: Das ist nicht ungewöhnlich. Erfahrungsgemäß geht es den meisten Hundemenschen so. Das heißt aber nicht, dass deine Umwelt darunter leiden muss. Hast du einen Hund, der ein Problem mit anderen Hunden, Menschen, Katzen, Fahrrädern, Wildtieren oder was auch immer hat und eben nicht immer zu 100 % auf deine Signale reagiert, dann wird es Situationen geben, in denen du deinen Hund an der Leine führen musst, damit er sich selbst oder andere nicht gefährdet. Die Leine ist nicht dazu da, den Hund daran durch die Gegend zu zerren. Ich sehe sehr häufig Menschen, die einer Richtungsanweisung oder einem Rückruf, den der Hund nicht gleich befolgt, durch ein Zerren oder Ruckeln an der Leine Nachdruck verleihen wollen. Das ist verständlich, allerdings gebe ich immer zu bedenken, dass dein Hund auch mal ohne Leine laufen soll. Und wenn er ein Signal, das du gibst, immer mit einem Zuppeln an der Leine verknüpft, wird er zum Beispiel den Rückruf nicht mehr wiedererkennen und dementsprechend nicht befolgen, wenn die Leine mal nicht am Hund hängt und aus diesem Grund nicht gezuppelt werden kann. Also: Obacht bei der Verwendung der Leine. Sie ist zum Sichern da und nicht zum Zerren.

WICHTIG

Die Leine ist dazu da, deinen Hund und seine Umwelt zu schützen.

Entspannung geht vor Training!

Aber natürlich gilt: Wenn dein Hund heftig an der Leine zieht, dann kann das sehr schnell sehr nervig werden. Aber hey, Rettung naht! Reden wir mal ein wenig über Leinenführigkeitstraining. Vorab eine kleine Anmerkung: Leinenführigkeit ist nur zum Teil Trainingssache. Mindestens genauso wichtig wie ein gutes Training ist die Entspannung deines Hundes. Je gelassener und weniger ängstlich/aufgeregt/hochgefahren er draußen ist, umso leichter fällt es ihm, an der lockeren Leine zu gehen. Wenn du einen Hund hast, der draußen ständig an der Leine zieht und der die Leine so gar nicht locker lassen kann, kann es sein, dass er einfach nur aufgeregt ist, weil er zum Beispiel von seiner Umwelt draußen völlig überfordert ist. Wenn das der Fall ist, stelle das Leinenführigkeitstraining erst einmal hinten an und versuche stattdessen, die Gassistrecken so zu wählen, dass dein Hund zur Ruhe kommt, sich sicher fühlt und für ein Training aufnahmefähig ist. Dann erst kannst du auch mit der Leinenführigkeit starten. „Leinenführigkeit" bedeutet, dass dein Hund machen kann, was er möchte, solange er dabei die Leine locker lässt. Er kann also schnüffeln, pieseln (wo es passt und möglich ist), gucken, sich vor oder hinter dir bewegen, mal rechts oder links bewegen. Hauptsache, die Leine ist locker. Lass deinem Hund diesen Freiraum. Wenn es Situationen gibt, in denen dein Hund sich für einen kurzen Zeitraum dicht an deiner Seite bewegen soll, dann kannst du ihn in solchen Momenten einfach mal mit einem Leckerchen locken. Grundsätzlich darf dein Hund sich aber dort bewegen, wo er möchte und gleichzeitig niemand anderen gefährdet.

WAS DU BRAUCHST

Deinen Hund am Geschirr. Das Geschirr sollte mehrere Ringe haben, an denen du deinen Hund anleinen kannst. Sollte das nicht der Fall sein, kannst du statt eines zweiten Rings am Geschirr zusätzlich auch ein sehr breites Halsband verwenden, das von der Breite her mehrere Wirbel umfassen sollte.

Futterbelohnungen, die du gut und schnell greifen kannst und die deinem Hund sehr gut schmecken. Bitte stecke nicht einfach Trockenleckerchen in enge Hosen- oder tiefe Jackentaschen. Zum einen ist Trockenfutter für Hunde oft eine weniger schmackhafte Alternative, zum anderen verflusen die Leckerchen in Taschen sehr schnell und du brauchst ewig, um sie hervorzuholen. Das macht das Timing sehr schwierig.

Eine Leine, die dir gut in der Hand liegt. Welches Material du verwendest, hängt ganz von deinen Vorlieben ab. Achte aber darauf, dass die Leine auch vom Gewicht her passend für deinen Hund ist. Ein kleiner Hund sollte keine dicke, schwere Leine mit einem fetten Karabiner hinter sich herschleppen müssen. Wähle die Länge so, dass dein Hund genügend Freiraum hat, auch einmal zu schnüffeln oder stehenzubleiben, ohne gleich einen Ruck zu bekommen, nur weil du vielleicht kurz mal nicht hinschaust. Mindestens 3–5 Meter dürfen es am Anfang schon sein. Sehr schnelle, wuselige Hunde profitieren zu Beginn des Trainings allerdings von einer längeren Leine. Beginne in diesem Fall mit dem Training der Leinenführigkeit an einem Ort, an dem du viel Spielraum hast.

Mehrere Ringe am Geschirr erleichtern das Training.

Der Arbeits- und Freizeitmodus

Es ist für deinen Hund sehr schwer, das Prinzip „Lockere Leine" zu verstehen. Woher soll er wissen, dass er dieses Ding am Rücken locker lassen soll? Das ist ihm nicht in die Wiege gelegt und er hat keine Ahnung davon, warum es an seinem Rücken hängt.

Dementsprechend fällt es den allermeisten Hunden sehr schwer zu verstehen, was wir uns von ihnen wünschen. Ich schreibe das nur dazu, weil ich so oft höre, dass der Hund „respektlos" ist, wenn er an der Leine zieht. Das ist Blödsinn. Weiterhin ist es so, dass der Hund bei Leinenführigkeit komplett dazu gezwungen ist, sich unserem Tempo anzupassen. Wenn du dich testweise mal anleinen lässt und für zehn Minuten dein Gehtempo einem anderen, im Gegensatz zu dir viel langsameren oder viel schnelleren Menschen anpassen musst, verstehst du, was dein Hund da tagtäglich so mitmacht. Das hält zu Beginn des Trainings (und auch später im Alltag) kaum ein Hund dauerhaft durch.
Dazu kommt, dass kein Mensch immer zu 100 % konsequent Leinenführigkeit trainiert. Manchmal muss man schnell zum Auto oder zum Bäcker und lässt seinen Hund an der Leine ziehen. Manchmal hast du mehr Zeit und Lust und kannst dann in Ruhe trainieren. Wenn du allerdings nicht konsequent bist, versteht dein Hund nicht, warum er manchmal an der Leine ziehen darf und manchmal nicht. Du machst es ihm damit viel, viel zu schwer, die Leinenführigkeit zu verstehen.

Deswegen empfehle ich dir, von Anfang an einen Arbeits- und einen Freizeitmodus zu etablieren, indem du zum Beispiel deine Leine an unterschiedlichen Stellen einhakst und deinem Hund den Unterschied zwischen Arbeit und Freizeit so deutlich machst, sodass du konsequent sein kannst, wenn du trainierst und dein Hund ziehen darf, wenn Training nicht möglich oder gerade nicht erwünscht ist.

Auch an der Leine kann der Hund Freude haben und entspannt laufen.

Der Hund weiß: Jetzt wird geübt!

Leine am vorderen Ring: Arbeitsmodus

Leine am hinteren Ring: Freizeitmodus

DER ARBEITSMODUS

„Arbeitsmodus" bedeutet, dass jetzt geübt wird. Dein Hund sollte die Leine unbedingt locker lassen. Du übst so, dass dein Hund für die lockere Leine passend belohnt wird und du nach einer Vorwarnung stehenbleibst und deinen Hund wieder aufmerksam machst, wenn er an der Leine zieht. Diesen Modus nutzt du, wenn du und dein Hund gut drauf seid, ausgeruht, gute Nerven und Bock auf Training habt. Wenn du merkst, dass heute nicht so euer Tag ist, dein Hund vom Training schon erschöpft ist oder allgemeine Unlust herrscht, switchst du in den Freizeitmodus. Du kannst die Leine dafür zum Beispiel in den Brustring des Geschirrs einhaken.

FREIZEITMODUS

„Freizeitmodus" bedeutet, dass du deinen Hund lobst und belohnst, wenn er die Leine locker lässt und es aber im Gegensatz zum Arbeitsmodus keinerlei Konsequenzen hat, wenn er an der Leine zieht. Du lässt deinen Hund also ziehen, weil Training in diesem Moment eh keinen Sinn hätte und alle Beteiligten nur nerven würde.
Du kannst die Leine dafür zum Beispiel in den Rückenring des Geschirrs einhaken.
Im Freizeitmodus kannst du einen Ruckdämpfer verwenden, um das Ziehen deines Hundes für euch beide angenehmer zu gestalten. Oder du nimmst eine längere Leine, wenn dein Hund nur an der kurzen Leine zieht. Oder du gehst dort spazieren, wo es nicht so doll aufregend ist und verminderst auf diese Weise das Ziehen deines Hundes, bis dein Training greift. Training dauert ein wenig. Mach also die Zeit, in der das Training noch nicht zu 100 % greift, für euch beide so angenehm wir möglich.
Wenn du diese beiden Modi verwendest, kannst du sehr, sehr konsequent trainieren. Für deinen Hund wird deutlicher, wann geübt wird und wann nicht, und er versteht viel, viel schneller, was Leinenführigkeit bedeutet.

Das Training

Suche dir zunächst einen Trainingsort, an dem sich dein Hund und du sicher und gelassen fühlen können und der euch beiden vertraut ist. Und da sind wir schon bei einem ganz wichtigen Punkt: Leinenführigkeit ist häufig keine Frage des Gehorsams, sondern schlicht der Aufregung.

Die meisten Hunde gehen einfach schneller als wir und es kostet sie wirklich Mühe, sich unserem Tempo anzupassen. Kommen dazu noch Aufregung, Neugier auf die Umgebung oder interessante Gerüche, ist es für sie noch schwerer. Beginne zunächst damit, deinen Hund die Umgebung im Freizeitmodus erkunden zu lassen. Suche dir einen Ort, an dem dein Hund erst einmal einen Arbeitsradius von 20–30 Metern ganz in Ruhe beschnüffeln kann. Wenn er dabei an der Leine zieht, lass ihn. Gehe in deinem Radius so lange ruhig auf und ab, bis dein Hund sich entspannt, sich dir zuwenden kann, sich für deine Belohnungen interessiert und gerne mit dir mitarbeitet. Erst dann startest du.
Es ist egal, ob dein Hund bereits erwachsen ist oder noch ein Welpe. Zieht er an der Leine, beginnst du dein Leinenführigkeitstraining mit dem ersten Schritt.

DIE TRAININGSSCHRITTE

Wir beginnen zunächst damit, deinem Hund zu zeigen, dass es sich lohnt, auf dich zu achten und sich mit dir in die gleiche Richtung zu bewegen. Hänge die Leine in den Arbeitsmodus ein. Lasse deinem Hund so viel Leine, dass sie ungefähr bis auf Höhe der Hunde-Ellbogen durchhängt. So kann dein Hund nicht darüber stolpern und sie ist so lang, dass sie sich nicht sofort spannt, sobald dein Hund mal einen Schritt vorwärts macht. Mache deinen Hund auf dich aufmerksam, indem du zum Beispiel freundlich „Komm mit“ sagst und ein, zwei Schritte zur Seite machst. Bewegt sich dein Hund daraufhin in deine Richtung, bleibst du stehen, lobst ihn und gibst ihm ein Leckerchen. Geht er nicht mit, kannst du ihn auch mit einem Leckerchen locken.

WICHTIG

Gib deinem Hund das Leckerchen dort, wo er sich in Zukunft bevorzugt aufhalten soll. Wenn du möchtest, dass er eher links von dir läuft, gib ihm das Leckerchen auf der linken Seite und umgekehrt.

Dein Hund darf vor dem Training erkunden.

Die Leine auf Ellbogenhöhe des Hundes ist die korrekte Trainingsleinen-Länge.

Gib dein „Komm mit"-Signal und lade deinen Hund freundlich ein, dir zu folgen.

Gib das Leckerchen dort, wo dein Hund sich aufhalten soll.

Gib dein „Langsam“-Signal, bevor dein Hund in die Leine rennt.

Wiederhole diesen Schritt einige Male: Stelle dich neben deinen Hund, wende dich dann ab und warte, bis dein Hund zu dir aufschließt und belohne ihn. Dein Hund lernt: „Wenn ich diesem Menschen hinterherrenne, dann gibt's was Leckeres“.
Und was, wenn dein Hund dabei einfach an dir vorbeiwetzt und sich in die Leine schmeißt? Dann bringst du ihm gleich bei, dass man nach einer Vorwarnung stehenbleibt und es nicht mehr weitergeht, wenn sich die Leine spannt.

WENN DER HUND AN DER LEINE ZIEHT

In dem Moment, in dem dein Hund an dir vorbeistürmt, gibst du ihm eine kleine Vorwarnung. Du kannst zum Beispiel „Langsam“ sagen. Sobald dein Hund in die Leine rennt und sich die Leine spannt, machst du noch zwei Schritte, um den Ruck aufzufangen und bleibst dann stehen. Dein Hund lernt: „Mein Mensch sagt 'Langsam‘ und danach bleibt er stehen.“ Mit der Zeit wird das „Langsam“ eine Vorwarnung für deinen Hund, sodass er nach dem Signal automatisch langsamer wird, weil er ja weiß, dass ihr gleich

WARUM EIN LEINENRUCK SCHADET

Ein Leinenruck ist für den Hund höchst ungesund, da sich beim plötzlichen Ruck empfindliche Halswirbel verschieben können.

Der Hund erfährt durch den Leinenruck in meiner Nähe durch mich Schmerzen oder mindestens Unwohlsein. Das steht absolut konträr zu dem Wunsch, dass sich der Hund in meiner Nähe aufhalten soll. Wie soll er das gerne tun, wenn er dabei Schmerzen erfährt?

Wenn es in meiner Nähe unangenehm ist, wird der Hund, sobald die Leine ab ist, versuchen, sich mir zu entziehen und mehr Distanz zu mir zu schaffen. Ein Leinenruck kann also die Reaktion auf einen Rückruf erheblich negativ beeinflussen.

In den Vorgaben meines zuständigen Veterinäramtes ist mir (und damit natürlich auch anderen Hundetrainer*innen, die im Bereich des Veterinäramtes tätig sind) ausdrücklich verboten worden, „wiederholtes, starkes Reißen an der Leine“ im Training zu verwenden. Nicht dass es diese Vorschrift bräuchte, damit ich keinen Leinenruck anwende. Das mache ich sowieso nicht. Aber das Veterinäramt ist genau wie ich der Meinung, dass ein Leinenruck kein gutes Erziehungsmittel ist.

stehenbleibt. Wenn das der Fall ist, musst du nicht mehr stehenbleiben, sondern kannst einfach weitergehen, denn dann lässt dein Hund die Leine ja locker. Das Lockerlassen belohnst du, damit dein Hund weiß, dass das erwünscht ist. Solltest du mal stehenbleiben müssen, weil dein Hund an der Leine zieht, wartest du, bis er die Leine wieder lockerlässt, wechselst die Richtung und wenn er wieder aufschließt, gehst du ein paar Schritte mit deinem Hund an lockerer Leine und belohnst wieder für die lockere Leine.

Der Richtungswechsel ist notwendig, damit sich aus deinem Hund kein Stop-and-Go-Zieher entwickelt. Außerdem erhöhst du durch den Richtungswechsel die Distanz zu etwas, was deinen Hund vorher vielleicht abgelenkt hat. So fällt die Leinenführigkeit deinem Hund leichter, er zieht weniger an der Leine und du kannst ihn wieder belohnen. Nach der Belohnung drehst du dich wieder in die ursprüngliche Richtung und belohnst deinen Hund ganz schnell wieder, bevor der an der Leine zieht.

Lade deinen Hund zum Richtungswechsel ein.

1

DISTANZ ERHÖHEN

Dein Hund hat verstanden, dass es sich lohnt, wenn er sich mit dir in eine Richtung bewegt, ohne sich gleich vor dir in die Leine zu werfen? Prima! Dann ist es jetzt an der Zeit, die Distanz zu erhöhen, die du mit deinem Hund zurücklegst, bevor er belohnt wird.

Du wendest dich wieder ab von deinem Hund. Sprich ihn freundlich an und lade ihn so dazu ein, mit dir mitzugehen. Wenn er aufschließt, belohnst du nicht sofort, sondern gehst erst zwei, drei Schritte, bevor du stehenbleibst und ein Leckerchen für deinen Hund springen lässt. Da dein Hund gelernt hat, dass es in deiner Nähe etwas Gutes gibt, wenn er sich in deine Richtung bewegt, wird er aufgrund dieser Erwartungshaltung ein paar Schritte mit dir mitgehen.

Sollte dein Hund übermütig werden und an dir vorbeischießen, weißt du ja schon, was du tun solltest: Eine Vorwarnung geben und dann kurz stehenbleiben. Ist die Leine locker, wechselt du die Richtung.

Da du jetzt mehr Distanz aufbauen möchtest, belohnst du jetzt aber nicht sofort, wenn dein Hund nach dem Richtungswechsel zu dir aufschließt, sondern du wechselst, wenn dein Hund aufmerksam bei dir ist, noch ein Mal die Richtung, sodass du wieder in deine ursprüngliche Laufrichtung gehst! Geht er schön mit und rennt nicht gleich wieder in die Leine, belohnst du ihn an deiner Seite. So kommst du langsam aber sicher dazu, dass du nach einem Leinenzug nicht nur die Richtung wechselst, sondern dann auch wieder in die ursprüngliche Richtung weitergehst. Du legst also den Grundstein für einen ganz normalen Spaziergang.

Ganz langsam erhöhst du die Distanz, die du mit deinem Hund an lockerer Leine gehst.

Das Schema bleibt immer gleich:

– Lässt dein Hund die Leine locker, wird immer wieder belohnt. Anfangs sehr häufig, mit der Zeit und Distanz seltener.

– Zieht dein Hund an der Leine, gibst du eine Vorwarnung.

2

1. Kann dein Hund sich konzentrieren, erhöhst du die Distanz.

2. Dein Hund muss dich nicht anschauen.

– Wird er nach der Vorwarnung langsamer, belohnst du ihn und gehst weiter.
Zieht er nach der Vorwarnung weiter, bleibst du stehen. Dann wartest du, bis sich dein Hund dir wieder zuwendet, und lädst deinen Hund ein, die Gehrichtung zu wechseln. Geht er mit und bleibt die Leine locker, drehst du dich wieder um und gehst in deine ursprüngliche Richtung weiter. Im Weitergehen belohnst du deinen Hund, bevor der wieder in die Leine rennt.

Wichtige Tipps

Sobald du merkst, dass du selbst oder dein Hund nicht mehr genügend Konzentration fürs Training besitzt, hängst du die Leine zurück in den Freizeitmodus und gönnst euch beiden eine Pause. Es gibt auch Tage, an denen die Leine die ganze Zeit im Freizeitmodus bleiben darf. Nutze den Arbeitsmodus dann, wenn du merkst, dass ihr beide bereit zum Training seid.
Es ist nicht nötig, dass dein Hund dich während des Leinenführigkeitstrainings anschaut. Leinenführigkeit ist Spazierengehen! Dein Hund darf schnüffeln, gucken, mal stehenbleiben, mal etwas um dich herumtraben. Alles das ist belohnenswert, so lange die Leine locker ist. Belohne also nicht nur dann, wenn dein Hund dich anschaut, sondern für alles, was gemütliches Spazierengehen ist. Jede Belohnung ist eine Information für deinen Hund über das, was du von ihm möchtest. Bleibe stehen, wenn dein Hund schnüffeln möchte. Das ist sein Spaziergang und Schnüffeln entschleunigt. Hast du es mal eilig, gehe einfach eine kürzere Runde und lasse deinen Hund dafür ausgiebig schnüffeln. So ist es für euch beide entspannter. Zerrst du deinen Hund an Schnüffelstellen immer weiter, hast du eventuell irgendwann einen Hund, der an gespannter Leine von Schnüffelstelle zu Schnüffelstelle rennt und sich dort so lange festschnüffelt, bis du ihn genervt weiterziehst. Selbst schuld.

BESCHÄFTIGUNG AN DER LEINE

Die Leine wird für deinen Hund umso angenehmer, wenn er damit schöne Dinge verbindet. Auch an der Leine hast du eine Menge Möglichkeiten, deinen Hund zu beschäftigen: Verstecke deinem Hund ein paar Leckerchen.

Lasse deinen Hund kleinere Gegenstände, wie zum Beispiel kleine Sträucher, selbstständig umrunden.

Umrunde mit deinem Hund mehrere Bäume.

Wirf deinem Hund ein paar Leckerchen oder ein Spielzeug zu.

Lasse deinen Hund Sachen tragen.

Aus dem Haus gehen

Du kennst das bestimmt: Am Anfang eines Spaziergangs ist dein Hund so aufgeregt (und muss vielleicht auch mal dringend pieseln), sodass er es kaum erwarten kann, dass sich die Haustür öffnet, er sich dann wie ein Bulldozer in den sich öffnenden Haustürspalt wirft und dich gnadenlos hinterherzieht, bevor die Haustür überhaupt richtig geöffnet ist.

Das ist natürlich kein großes Problem, wenn nach deiner Haustür ein eingezäunter Garten kommt, in dem dein Hund eine kurze Runde rennen kann, während du die Haustür schließt, und wenn das Verhalten für dich okay ist, muss da auch gar nichts trainiert werden. Die Aufregung deines Hundes kann aber manchmal nicht nur nervig sein, sondern sogar richtig gefährlich, falls sich vor deiner Haustür ein paar Treppenstufen befinden, die du runterfliegen könntest oder falls dein Hund wie irre auf die Straße rennt. Sollte es also notwendig sein, kannst du das gesittete Verlassen des Hauses oder der Wohnung üben. Beginne mit dem Training erst, wenn du Zeit hast, ihr beide entspannt seid und nicht dringend Gassi gehen müsst. Das Training besteht vor allem aus Entschleunigung. Stelle als Erstes fest, ab welchem Zeitpunkt dein Hund besonders aufgeregt reagiert und beschleunigt. Ist das in dem Moment, in dem du deine Schuhe holst und sie anziehst? Ist es in dem Moment, in dem du Geschirr und Leine vom Haken nimmst? Lege zunächst fest, ab welchem Zeitpunkt dein Hund die Ohren spitzt, angelaufen kommt und wuselig wird. Hier setzt du ein. Am einfachsten und schnellsten bringst du Ruhe rein, indem du deinem Hund in der Zeit, in der du dich und ihn vorbereitest, etwas zu tun gibst. Du könntest deinem Hund zum Beispiel einen Kauartikel geben, mit dem er länger beschäftigt ist. Und zwar genau in dem Moment, in dem dein Hund aufgeregt reagiert. Lass ihn nicht lange in der Aufregung, sondern gib ihm gleich etwas zu tun. Du lenkst deinen Hund also ab und sorgst dafür, dass er seine Aufregung kanalisieren kann. Eine Win-Win-Situation für alle. Mit der Zeit kannst du das Geben deines Kauartikels ein wenig hinauszögern und auch Kauartikel geben, mit denen dein Hund nicht so lange beschäftigt ist. Er kennt dann das Ritual

WICHTIG

Sollte dein Hund deswegen so arg ziehen, weil er mal dringend, dringend pieseln muss, erwarte von ihm keine Leinenführigkeit, sondern bewege dich mit ihm im Freizeitmodus so schnell wie möglich zur nächsten Pieselstelle.

Gib deinem Hund etwas zu tun.

schon, ist sowieso ruhiger und kann so länger entspannt abwarten.
Damit hast du deinen Hund schon ein wenig beruhigt, während du dir die Schuhe und die Jacke und deinem Hund das Geschirr anziehst. Jetzt musst du nur noch durch die Haustür kommen, ohne dass dich dein Hund aus lauter Freude durch den erst leicht geöffneten Türspalt zieht. Das schaffst du am besten, indem deine Hand an der Türklinke für deinen Hund zum Signal wird, sich zurück- und hinter dir zu halten.

SCHRITT 1: HAND AUF KLINKE

Schnapp dir ein paar Leckerlis und geh danach in Richtung Haustür. Ganz ohne dich oder deinen Hund gassifertig vorzubereiten (damit dein Hund sich besser beherrschen kann und nicht gleich mega aufgeregt ist). Dein Hund geht bestimmt mit. Wenn nicht: Ruf ihn einfach zu dir. Lege deine Hand auf die Türklinke und wirf ein Leckerchen hinter deinen Hund, sodass er sich umdrehen muss, um es sich zu holen. Entferne dich dann wieder von der Tür. Gehe erneut hin, lege die Hand auf die Türklinke und wirf wieder ein Leckerchen hinter deinen Hund. Du kannst ihm das Leckerchen auch hinter dir ins Maul geben, falls dein Boden glatt ist und dein Hund ins Rutschen geraten könnte.
Nach ein paar Wiederholungen kannst du mal testen: Lege die Hand auf die Türklinke und warte, ob dein Hund stehenbleibt und sich nicht weiter vorwärts bewegt. Wartet er schon darauf, dass das Leckerchen fliegt? Perfekt! Zähle in Gedanken „einundzwanzig“ und wirf das Leckerchen dann hinter ihn. Dein Hund lernt jetzt, einen kurzen Moment zu warten, statt zur Haustür zu stürmen. Wiederhole diesen Schritt, bis du merkst, dass dein Hund ganz selbstverständlich eine Sekunde lang stehenbleibt, obwohl du zur Tür gehst und deine Hand auf die Türklinke legst.

SCHRITT 2: KLINKE DRÜCKEN

Du gehst wieder zur Tür, legst die Hand auf die Türklinke und wartest ab, ob dein Hund hinter dir stehenbleibt. Falls nein, wiederholst du den letzten Schritt noch ein paar Mal. Falls ja, drückst du die Türklinke ein Stückchen runter. Kann dein Hund abwarten, lobst du ihn sehr, wirfst wieder ein Leckerchen hinter ihn und entfernst dich erneut von der Tür. Wiederhole das einige Male, bis du die Türklinke ganz runterdrücken kannst, während dein Hund ruhig hinter dir wartet.

SCHRITT 3: IM GASSILOOK

Jetzt machen wir das ganze etwas schwieriger. Bevor du zur Tür gehst, beginnst du eure ganz normale Gassi-Routine mit Schleckmatte, Anziehen, Geschirr anlegen, Leine in die Hand nehmen (oder Hund schon anleinen) und so weiter. Dein Hund ist also aufgeregter als sonst. Jetzt wiederholst du die bisherigen Schritte. Du beginnst wieder damit, dass du die Hand auf die Türklinke legst, ein Leckerchen hinter deinen Hund wirfst und dich dann wieder von der Tür entfernst. Wiederhole das so lange, bis merkst, dass dein Hund sich trotz seiner Aufregung wieder an diese Übung erinnert, ruhiger wird und wieder abwarten kann. Dann übst du Schritt für Schritt wieder „Klinke drücken“, bis dein Hund ruhig bleibt, auch wenn du die Türklinke ganz runterdrückst.

SCHRITT 4: TÜR ÖFFNEN

Jetzt hast du also deinen angezogenen und ggf. angeleinten Hund mit dir an der Haustür. Du bist selbst auch gassifertig.
Du gehst wieder zur Haustür und drückst die Türklinke runter. Dein Hund sollte bereits in freudiger Leckerchen-Erwartung hinter dir stehenbleiben und nicht versuchen, sich zur Tür zu drängeln. Sollte das der Fall sein, öffnest du die Tür einen Spalt weit. Warte gar nicht erst ab, ob dein Hund dabei ruhig bleiben kann, sondern wirf gleich

1. Übe das Aus-dem-Haus-gehen.

2. Bei Schritt 3 übst du im Gassilook.

3. Jetzt öffnest du endlich die Tür.

1

2

3

mehrere Leckerchen hinter deinen Hund. Achte darauf, dass deine Leine lang genug ist, damit dein Hund die Leckerchen auch aufsammeln kann. Wirf schnell genug, denn es kann gut sein, dass dein Hund sonst nicht ruhig bleiben kann, denn das Öffnen der Tür ist für viele Hunde mit einer sehr großen Aufregung verbunden. Sorge hier dafür, dass deiner erst gar keinen „Fehler“ machen kann. Während dein Hund sucht, schließt du die Tür wieder und wiederholst diese Übung, wenn dein Hund fertig gesucht hat.
Sollte es dein Hund trotzdem schaffen, sich direkt durch den Türspalt zu quetschen, dann öffnest du kurz die Tür, damit er sich nicht wehtun kann. Dabei hältst du aber die Leine, sodass er nicht einfach weiterrennt. Warte, bis dein Hund kurz Luft geholt hat, und bitte ihn freundlich wieder ins Haus. Ärgere dich nicht, denn dein Hund hat ja bisher noch gar nicht gelernt, das Haus ruhig zu verlassen. Sein Verhalten ist völlig normal.

Stoppe deinen Hund, bevor er rausstürmt.

Wiederhole die Übung einfach und gib deine Leckerchen etwas schneller, sodass er wieder besser abwarten kann. Klappt es gar nicht, geh einfach wieder einen Schritt zurück und mach es euch beiden wieder leichter.
Kannst du die Haustür ein Stückchen öffnen? Dann gib die Leckerchen nach einigen Wiederholungen immer später, sodass dein Hund zunächst wieder warten muss, bis du die Tür geöffnet hast, bevor er sein Leckerchen erhält. Übe so lange, bis dein Hund auch an der leicht geöffneten Tür ruhig warten kann, bis du ein paar Leckerchen schmeißt. Funktioniert das gut, kannst du die Tür immer weiter öffnen.

SCHRITT 5: GEMEINSAM AUS DEM HAUS GEHEN

Kann dein Hund in voller Montur ruhig warten, während du die Tür öffnest, kommt jetzt der nächste Knackpunkt: Das Haus verlassen, ohne, dass er dich von den Beinen zieht. Achte darauf, dass du auch diesen Übungsschritt zu einem Zeitpunkt übst, zu dem dein Hund nicht dringend auf die Wiese muss. Wie immer ziehst du deinen Hund und dich selbst gassifertig an. Wiederhole den letzten Übungsschritt zwei, drei Mal, um dich und deinen Hund etwas aufzuwärmen. Funktioniert das gut, verlasst ihr jetzt das Haus. Du gehst zur Haustür und öffnest die Tür. Dein Hund wartet brav, also wirfst du ihm ein paar Leckerchen auf den Boden. Das kennt er schon. Während er die Leckerchen frisst, gehst du zur Haustür hinaus und drehst dich um, sodass du deinem

Hund zugewandt in der Haustür stehst. Halte direkt zwei, drei Leckerchen griffbereit. Warte, bis dein Hund aufgefressen hat und rufe ihn dann zu dir. Damit er nicht direkt an dir vorbeistürmt, zeigst du ihm die Leckerchen und legst diese wieder auf den Boden. Damit stoppt dein Hund gleich hinter der Haustür wieder. Lass ihn die Leckerchen fressen und gehe dann wieder ins Haus. Wiederhole diesen Schritt einige Male. Wenn du merkst, dass dein Hund ruhiger wird, verzögerst du auch hier die Leckerchengabe. Wenn dein Hund gut warten kann, gehst du zuerst einen Schritt aus der Haustür, wirfst dann ein Leckerchen hinter ihn, wartest, bis er aufgefressen hat und rufst ihn dann zu dir und gibst ihm erneut ein Leckerchen. Nach einigen Wiederholungen gehst du einfach aus dem Haus, rufst deinen wartenden Hund zu dir und belohnst ihn dann bei dir. Er erhält jetzt also nur noch ein (oder gerne auch mehrere) Leckerchen zur Belohnung, nachdem ihr das Haus verlassen habt. Wenn es für dich bequemer ist, kannst du deinen Hund hier jetzt auch sitzen lassen, während du die Haustür schließt. Beherrscht dein Hund das „Sitz und Bleib" nicht so gut, kannst du ihm auch einfach ein, zwei Leckerchen auf den Boden werfen und derweil die Tür schließen. Jetzt kommt ihr also gelassen aus dem Haus und könnt euren Spaziergang genauso gelassen beginnen. Die Leckerchen kannst du mit der Zeit ganz langsam abbauen. Wenn dein Hund gut abwarten kann und dabei wirklich gelassen bleibt, gibst du nach und nach für jeden Schritt nur noch ein Leckerchen und wirfst nicht mehr mehrere. Nach vielen Übungseinheiten lässt du die Leckerchen beim Türöffnen weg und belohnst deinen Hund erst, wenn er ruhig mit dir durch die Tür gegangen ist. Dann gibt es für den ganzen Ablauf nur noch ein Leckerchen. Aber Achtung: Verschlechtert sich das Verhalten deines Hundes ohne deine Belohnungen, setze sie wieder gezielt ein und baue sie danach langsamer ab. Es spricht aber auch überhaupt nichts dagegen, das Belohnen auf Dauer beizubehalten, denn welcher Hund freut sich nicht über eine Belohnung, wenn er etwas gut gemacht hat? Das bestärkt sein gutes Verhalten, sodass er es beibehält, und ist prima für eure Bindung.

So verlasst ihr geordnet das Haus.

HINDERNISSE GEMEINSAM BEWÄLTIGEN

Der Mensch hat die Aufgabe, dem Hund bei den Herausforderungen der Menschenwelt zu helfen.

Etwas schwieriger: Treppen runtergehen

Auch wenn dein Hund sonst perfekt an der lockeren Leine gehen kann, stellt das Treppab-Gehen eine besondere Herausforderung dar. Treppauf kommen die meisten Hunde gut zurecht, treppab sieht das häufig ganz anders aus.

Das ist auch kein Wunder. Hunde müssen auf Treppen vier Pfoten sortieren und beim Treppab-Laufen gehen sie auch noch kopfüber, haben viel Gewicht auf ihrem Vorderkörper, und kommen leicht mal aus dem Gleichgewicht und geraten ins Stolpern. Es gibt viele Hunde, die Treppen am liebsten in ihrem eigenen Tempo gehen möchten und denen es schwerfällt, sich in dieser Situation an ihrem Menschen zu orientieren. Doch gerade beim Treppab-Laufen ist es wichtig, dass der Hund die Leine lockerlässt und seinen Menschen nicht einfach hinter sich herzieht.
Und so fängst du an: Suche dir eine Treppe mit breiten Treppenstufen, die möglichst nicht flach ist. Das macht es deinem Hund leichter, die Treppe nicht gleich wie irre runterzustürmen. Schnappe dir ein paar Leckerchen und leine deinen Hund an. Wähle die Leinenlänge so, dass dein Hund die ganze Treppe herabsteigen kann, ohne dich mitzuziehen.
Stelle dich an den oberen Rand der Treppe und gib ein Wortsignal, zum Beispiel „Treppe". Danach gehst du eine einzige Treppenstufe herunter, sodass dein Hund mit den Vorderpfoten auf der ersten Treppenstufe steht und die Hinterpfoten noch auf dem oberen Rand der Treppe sind. Sobald dein Hund mit den Vorderpfoten auf der ersten Stufe steht, gibst du ihm ein Leckerchen. Halte ihm das Leckerchen so vor die Nase, dass er stoppt und gerade stehenbleibt, sich also auf der Treppe nicht verdreht. Halte das Leckerchen auf Nasenhöhe, sodass er den Kopf nicht heben muss oder versucht, sich hinzusetzen. Gib ihm einfach das Leckerchen so, dass er auf der obersten Stufe ganz gerade stehenbleibt und den Rest der Treppe sehen kann. Er soll sich in dieser leichten Schräge wohl und sicher fühlen.

WICHTIG

Es ist sinnvoll, das Treppab-Laufen gesondert zu üben, um Unfälle zu vermeiden.

1

2

1. Achte darauf, auf Nasenhöhe zu füttern.

2. Den Rest der Treppe darf dein Hund frei gehen.

So schafft ihr bald die ganze Treppe.

Gib ihm das Leckerchen, lass es ihn in Ruhe zu Ende fressen und gehe dann mit deinem Hund den Rest der Treppe nach unten. Dabei darf der Hund sein eigenes Tempo wählen. Gib ihm genügend Leine. Wiederhole das einige Male. Du wirst sehen, dass dein Hund irgendwann von alleine auf der oberen Stufe stehenbleibt. Das ist der Moment, bei dem du eine zweite Stufe dazunimmst. Du belohnst also nicht mehr auf der obersten Stufe, sondern auf der zweiten Stufe. Dort bleibst du wieder stehen und stoppst deinen Hund mit einem Leckerchen. Achte auch hier wieder darauf, dass dein Hund gerade steht und sich nicht verdrehen muss. Nach dem Leckerchen lässt du ihn wieder den Rest der Treppe in seinem eigenen Tempo runtergehen.

So arbeitest du dich Stufe für Stufe vor, bis du die ganze Treppe mit deinem Hund gemeinsam nach unten gehen kannst. Achte darauf: Dein Hund muss dich nicht anschauen! Es ist viel gesünder und sicherer, wenn er auf die Stufen schaut. Daher ist es wichtig, dass du das Leckerchen so schnell und so zielgerichtet gibst, dass er dich gar nicht erst anschaut, sondern nach vorne blickt.
Schaffst du die flache Treppe mit den breiten Stufen, übst du nach und nach an etwas schwierigeren Treppen. Dabei beginnst du erneut mit der obersten Stufe und baust das Training genauso kleinschrittig auf wie vorher auch. So lange, bis dein Hund und du Treppen sicher überwinden können, ohne euch gegenseitig aus dem Gleichgewicht zu bringen.

DER HUND IM FREILAUF

VORAUSSETZUNG: LENKBARKEIT!

Freilauf muss geübt werden,
das liegt in unserer Verantwortung.

Am Anfang steht das Training

Das Schönste am Gassi ist doch, wenn dein Hund sich einfach frei bewegen kann. Wenn er munter herumläuft, seine Nase in interessante Gerüche steckt, seine Umgebung erkundet und sich in seinem eigenen Tempo fortbewegen kann, ohne sich dir ständig anpassen zu müssen.

Voraussetzung für den Freilauf ist allerdings, dass du deinen Hund auch ohne Leine lenken kannst. Funktioniert das nicht, weil du das bisher nicht systematisch geübt hast oder dein Hund von all den Dingen in seiner Umwelt so überwältigt ist, dass er nicht gut auf dich achten kann, solltest du deinem Hund Freilauf nur in gesicherter Umgebung ermöglichen.
Ich erlebe immer wieder Hunde, die unkontrolliert jagend durch den Wald hetzen, auf Weiden Pferde oder Schafe jagen, Katzen packen, andere Hunde bedrängen oder Menschen belästigen. Das ist ein absolutes No-Go! Wenn dein Hund durch dich nicht gut lenkbar ist, dann ist das kein Drama, aber lass die Leine dran! Wenn du eine Schleppleine am Geschirr verwendest (eventuell noch durch einen Ruckdämpfer erweitert), kannst du deinem Hund einen großen Radius gönnen, sodass er in seiner Bewegungsfreiheit nicht allzu sehr eingeschränkt wird. Freilauf bekommt er dann in einem umzäunten oder sehr weit einsehbaren, ablenkungsarmen, sicheren Gebiet. Bitte sei nicht wie die Hundemenschen, die ohne Rücksicht auf Verluste ihren Hund frei laufen lassen, obwohl er unter Ablenkung nicht auf sie reagiert. Das ist kein Zeichen von Schwäche, sondern von einem großen Gefühl für Verantwortung.
So, genug gepredigt. Kommen wir dazu, wie du mit deinem Hund trainierst, auch ohne Leine auf dich zu achten.

Ohne Training kein Freilauf.

Der Rückruf

Du erinnerst dich daran, dass ich im letzten Kapitel schon mal vorsichtshalber darauf hingewiesen habe, dass die Leine zum Sichern deines Hundes da ist und nicht zum Hin- und Herzerren? Jetzt wird genau das wichtig!

Wenn du bisher deinen Signalen immer Nachdruck verliehen hast, indem du deinen Hund an der Leine geruppelt hast, wird das Training ohne Leine schwierig. Das liegt schlicht und einfach daran, dass für deinen Hund bei deinen Wortsignalen das Leinengeruppel immer dazugehört. Bleibt das Zerren an der Leine aus, weil dein Hund gerade leinenlos läuft, kann es sein, dass dein Hund deine Signale nicht mehr versteht und deswegen nicht auf sie reagiert. Überprüfe dich also vor deinem Rückruftraining mal selbst: Kannst du die Leine lockerlassen und dein Hund reagiert trotzdem auf dich? Prima! Dann kannst du in das Rückruftraining einsteigen.

Kommen wir also zum Rückruf! Wir wissen alle, dass der Rückruf eins der wichtigsten Signale im Leben eines Hundes ist. Es macht also Sinn, sich vorab einen Plan zu überlegen und konsequent zu trainieren. Geübt wird immer zunächst an der möglichst lockeren Schleppleine! Übst du ohne Schleppleine, lernt dein Hund schnell, dass er nicht auf dich reagieren muss, wenn du rufst. Also: Geschirr und Schleppleine sind im Training und auch in der Freizeit immer am Hund, bis du den Rückruf mit deinem Hund so intensiv geübt hast, dass er alles stehen und liegen lässt, wenn er deine Stimme (oder deine Pfeife) hört. Das erfordert Übung!

Geübt wird an der Leine.

BELOHNUNG AUFLADEN

Suche dir passende Belohnungen für deinen Hund. Die Belohnung von heute ist die Motivation für morgen! Dein Hund wird dann zu dir kommen, wenn sich das Herkommen mindestens genauso gut anfühlt wie das Wegrennen. Dafür legst du mit passenden Belohnungen einen soliden Grundstein. Selbst wenn du mit deinen Belohnungen nicht gegen einen rennenden Hasen anstinken kannst, kannst du deinen Rückruf bereits vorher durch Training schon so attraktiv gestalten, dass dein Hund beim Hasen trotzdem zögert und sich dir zuwendet, weil er den Rückruf mit so positiven Gefühlen verbindet, dass er auch noch funktioniert, wenn es mal brenzlig wird. Investiere also etwas Hirnschmalz in die Wahl passender Belohnungen.

Leckerchen sind eine tolle Belohnung, aber wenn der Hase rennt, hat dein Hund eventuell auch für Leberwurst nur ein trockenes Schulterzucken übrig. Du kannst Leckerchen als Belohnung aber wunderbar aufpimpen, indem du sie deinem Hund nicht einfach ins Maul stopfst, sondern aufregende Dinge damit machst. Einige Ideen dafür habe ich dir auf der rechten Seite aufgelistet.

1

2

1. Auch Rennspiele sind eine beliebte Belohnung.

2. Leckerchen-Belohnungen können sehr vielseitig eingesetzt werden.

SO WIRD DEINE BELOHNUNG SPANNEND!

DU KANNST LECKERCHEN ...

- ☐ rollen,
- ☐ im Gras verstecken,
- ☐ in Baumrinde drücken,
- ☐ vom Hund weg werfen,
- ☐ deinem Hund zuwerfen,
- ☐ aus deiner geschlossenen Hand lutschen lassen.
- ☐ Wenn du mehrere in der Hand hast, so in die Luft werfen, dass sie weit entfernt voneinander am Boden aufkommen, sodass dein Hund alle suchen und aufsammeln kann.
- ☐ In Astlöchern verstecken,
- ☐ unter Laubhaufen verstecken.
- ☐ Was auch immer dir so einfällt. Hauptsache, es macht Spaß und gefällt deinem Hund.
- ☐ Alles das, was du mit Leckerchen machst, kannst du natürlich auch mit Spielzeug machen, wenn dein Hund lieber spielt.

Außerdem kannst du alles, was dein Hund gerne tut, als Belohnung verwenden.

DU KANNST IHN ZUM BEISPIEL BELOHNEN MIT ...

- ☐ einem gemeinsamen Rennspiel,
- ☐ einer Schwimmrunde im Teich,
- ☐ einer sehr interessanten Schnüffelstelle,
- ☐ Besuch begrüßen dürfen,
- ☐ den Hundekumpel begrüßen dürfen.

Je mehr du dich in Sachen Belohnungen auf deinen Hund einlässt und dir überlegst, was er toll findet, umso schneller funktioniert dein Rückruf und umso mehr Spaß macht das Training.

Du kannst auch pfeifen statt zu rufen.

ABLENKUNGSLISTE

Eine Ablenkungsliste ist eine Liste mit Dingen, die deinen Hund ablenken (ja, wer hätte das gedacht). Schnapp dir einen Zettel oder dein Handy und schreibe mal zwei Tage alles auf, was dir so ein- und auffällt. Beobachte deinen Hund: An was ist er interessiert? Damit meine ich nur nicht die wirklich deftigen Sachen wie Katzen oder Rehe, sondern auch die Sachen, die deinen Hund nur leicht ablenken.
Beispiele: Autotür des Nachbarn, Tütenrascheln, Öffnen der Kühlschranktür, Fahrrad, das vorbeifährt, Kinderlachen, Bälle, die umherfliegen, Knacken im Gebüsch und so weiter. Schreibe alles auf, was du bemerkst. Völlig egal, wie banal es dir erscheinen mag. Die großen Ablenkungen fallen einem meist sehr leicht ein. Als Erstes kommen einem meist Sachen wie „Fremder Hund“, „Sprintender Hase“ oder „Nachbarskatze“ in den Sinn, aber die kleinen Dinge, mit denen man im Alltag erst einmal viel einfacher trainieren kann, sind genauso wichtig.
Nach zwei Tagen ordnest du die Liste. Unterteile sie in „Leichte Ablenkung“, „Mittlere Ablenkung“ und „Schwere Ablenkung“.

„Leichte Ablenkung“ bedeutet: Dein Hund schaut kurz zur Ablenkung hin, kann aber auch gleich wieder wegschauen, weil es doch nicht so arg interessant ist. Beispiel: Die Autotür des Nachbarn.

„Mittlere Ablenkung“ bedeutet: Dein Hund schaut hin und würde auch hinrennen, aber du kannst ihn noch ansprechen und er bleibt bei dir. Ein Beispiel könnte sein: Kinder, die in 50 Metern Entfernung spielen.

„Schwere Ablenkung“ bedeutet: Ablenkung da, Hund weg. Das sind die Dinge, die einem meist als Allererstes einfallen, wie zum Beispiel: Katze, Reh oder Hase. Eventuell auch die Türklingel.
Versuche mal, für die ersten beiden Kategorien viel, viel mehr Beispiele zu finden als für „Schwere Ablenkung“. Es gibt diese Dinge im Tagesablauf, die einem sonst kaum auffallen, weil der Hund dabei ja noch so gut lenkbar bleibt. Aber das sind genau die Dinge, die du brauchst, um konsequent üben und eine gute Basis legen zu können.
Hast du einiges an Belohnungen und Ablenkungen für euch finden können? Dann kanns ja richtig losgehen.

JETZT GEHT'S LOS: DAS TRAINING

Überlege dir zwei Signale. Eins, um deinen Hund dazu zu bringen, sich zu dir herumzudrehen, und eins, um deinen Hund anzufeuern, während er sich in deine Richtung bewegt.
Das erste Signal ist das Umorientierungssignal (kurz: UO-Signal). Nutze dafür besser nicht den Namen deines Hundes, denn den sagst du im Verlaufe eines Tages ganz bestimmt etliche Male, ohne dass du deinen Hund zu dir rufen möchtest. Das UO-Signal ist ausschließlich dafür reserviert, deinen Hund zu rufen. Nicht, um mit ihm zu schimpfen. Nicht, um ihn zu loben. Nicht, um in der Familie über deinen Hund zu reden. Einfach nur, um ihn zu rufen, sonst nix! Du möchtest ein Signal haben, bei dem dein Hund nicht lange überlegen muss, was du von ihm möchtest oder ob er jetzt überhaupt gemeint ist. Du kannst, wenn du möchtest, einen Spitznamen verwenden, den du sonst nie benutzt, wie „Digga“ oder „Madame“ oder was auch immer dir einfällt. Oder du denkst dir irgendein anderes Wort aus, wie zum Beispiel „Kehr um“ oder „Zu mir“.
Das zweite Signal ist das Ankersignal, mit dem du deinen Hund fest bei dir verankerst, während er auf dich zuläuft. Das Signal dient dazu, deinen Hund anzufeuern und zu verhindern, dass er auf dem Weg zu dir doch noch kurz rechts oder links abbiegen möchte. Es ist wie eine permanente Funkverbindung zum Hundegehirn, die ihm sagt: „Ja, du sollst wirklich ganz bis zu mir gelaufen kommen, das Mäuseloch rechts und die Katze links liegen lassen. Sofort herkommen und das schnell!“.
Als Ankersignal bietet sich eine kurze Abfolge von Silben an, die du immer freundlicher und enthusiastischer rufst, je weiter dein Hund sich dir annähert. Du kannst zum Beispiel „Zack – Zack – Zack …“ rufen oder „Schnell – Schnell – Schnell …“. Such dir etwas aus, mit dem du dich wohlfühlst.
Natürlich kannst du auch eine Pfeife verwenden. Dann kannst du zum Beispiel einen langgezogenen Pfiff als UO-Signal und einen Intervallpfiff (also „Pfiff – Pfiff – Pfiff – Pfiff“) als Ankersignal verwenden.

WICHTIG

Übe das Pfeifen vorab ohne Hund. Manchen Menschen fällt es anfangs schwer, den gewünschten Ton aus der Pfeife rauszubringen.

TRAINING DES UO-SIGNALS

Suche dir eine möglichst ablenkungsfreie Umgebung. Beginne nicht direkt im Wald auf der Wildspur oder mitten in der Stadt, während andere Hunde um euch herumtanzen. Fange im Garten an, auf der Auffahrt, auf einer einsamen Wiese, die dein Hund vorab abschnuppern durfte. Ist die Ablenkung draußen zu groß, kannst du sogar im Wohnzimmer beginnen. Du hast megatolle Belohnungen griffbereit, also zum Beispiel extrem gutes Futter oder den Lieblingsball oder du machst dich bereit für ein wunderbares Rennspiel, wenn dein Hund das besonders gerne mag. Okay, das mit dem Rennspiel fällt im Wohnzimmer vermutlich aus, aber du weißt, was ich meine, gell? Du stehst direkt neben deinem Hund. Nicht zwei Meter entfernt, sondern direkt neben deinem Hund. Der Trick ist, dass es zu Beginn des Trainings absolut ausreicht, wenn dein Hund seinen Kopf in deine Richtung bewegt. Er muss noch nicht zu dir gelaufen kommen. Das kommt später, wenn er es schon gewohnt ist, sich auf dein Signal hin aus seiner Umwelt ab- und dir zuzuwenden.

Beim UO-Signal dreht dein Hund sich zu dir um.

Du stehst neben deinem Hund? Prima. Jetzt gibst du dein markantes UO-Signal in einem Tonfall, der superfreundlich ist und von deinem Hund als eine Einladung für eine tolle Zeit verstanden wird (wahlweise pfeifst du deinen UO-Pfiff). Rufe zum Beispiel sehr freundlich „Zu mir". Dein Hund wird aufgrund deines einladenden Tonfalls ziemlich sicher zu dir schauen, so lange er nicht allzu sehr abgelenkt ist. Wenn nicht, ist das jetzt zu Anfang noch nicht so schlimm, denn er musst das neue Wort ja erstmal kennenlernen. Nachdem du dein Signal gerufen hast, belohnst du deinen Hund, egal ob er schaut oder nicht. Und zwar so, dass er sofort und direkt große Freude empfindet. Er soll über beide Backen strahlen. Dann hast du es richtig gemacht. Dabei hilft dir deine Belohnungsliste. Suche dir dort Belohnungen aus, die dein Hund liebt und die ziemlich weit oben stehen. Wiederhole diesen Schritt einige Male, bis dein Hund sich sofort zu dir herumwirft, wenn er dein Rufen hört. Selbst wenn er bei den ersten ein, zwei Versuchen noch nicht sofort geschaut hat, weil er das Signal ja noch nicht kennt, sollte er jetzt gemerkt haben, dass nach diesem Signal eine Belohnung erfolgt, und entsprechend freudig darauf reagieren und dich anschauen. Er soll dabei so ein richtiges Grinsen im Gesicht haben, weil er sich so auf die Belohnung freut. Er hat jetzt gelernt: Hört er dein Signal, lohnt es sich, sich sofort zu dir zu wenden.

Im nächsten Schritt belohnst du deinen Hund nicht mehr sofort, nachdem du dein Signal gegeben hast, sondern erst dann, wenn er wirklich zu dir schaut. Schaut er nicht, gibt es keine Belohnung. Du gibst also dein Signal und wartest dann kurz ab. Erinnert sich dein Hund an dein Signal und schaut dich freudig und gut gelaunt an? Prima! Belohne sofort! Wiederhole diesen Schritt wieder einige Male.

Er muss dir dabei nicht in die Augen schauen. Es reicht völlig aus, wenn er den Kopf in deine Richtung wendet. Vermutlich schaut dein Hund dort hin, von wo er die Belohnung erwartet. Kommt sie aus deinen Händen, wird er vielleicht auf die Hände schauen. Das ist gar nicht schlimm. Ist dein Hund mal 50 Meter weg, kannst du eh nicht mehr erkennen, ob er dir in die Augen oder auf deinen linken Ellbogen schaut. Hauptsache, dein Hund wendet sich dir zu.

REAGIERT DEIN HUND NICHT AUF DICH?

Frage dich, woran das liegen könnte. Waren deine Belohnungen uninteressant? Ist die Umgebung, in der du übst, mit viel zu großen Ablenkungen gespickt? Fühlt er sich in dem Moment, in dem du üben möchtest, überhaupt wohl? Fühlt er sich in der Umgebung vielleicht unsicher? Fehlt ihm körperlich vielleicht etwas? Versuche zu eruieren, woran es liegen könnte, verändere die Situation und steige dann wieder ins Training ein, sodass gleich der erste Versuch auf jeden Fall erfolgreich ist.

Fühlt sich dein Hund körperlich unwohl, lass das Training an diesem Tag einfach ausfallen. Ist die Umgebung zu ablenkungsreich oder verunsichert sie deinen Hund, suche eine Umgebung aus, in der er sich wohl und sicher fühlt. Mag er deine Belohnungen nicht, suche Belohnungen, die besser zu deinem Hund passen.

Arbeite
mit Ablenkungen.

Ablenkungen einbauen

Schaut dein Hund freudig in deine Richtung, wenn du rufst (oder pfeifst), ist es an der Zeit, die Übung etwas anspruchsvoller zu gestalten. Jetzt kommt deine Ablenkungsliste ins Spiel. Beginnt mit leichten Ablenkungen. Warte zum Beispiel, bis dein Nachbar nach Hause kommt und dein Hund seine Wohnungstür hört. Stehe ganz in der Nähe deines Hundes und gib wieder dein UO-Signal. Wirft er sich gleich zu dir herum? Perfekt! Dann belohne ihn nach Herzenslust. Reagiert er nicht, überlegst du wieder, woran das gelegen haben mag, und veränderst die Situation entsprechend, sodass du wieder üben kannst und dein Hund auf dich reagiert.
Arbeite nach und nach mit allen leichten Ablenkungen, die auf deiner Liste stehen. Suche sie gezielt auf oder nutze sie, wenn sie zufällig auftauchen. Wichtig ist, dass du immer darauf vorbereitet bist, deinen Hund passend zu belohnen, sodass eine sichere Verknüpfung zwischen deinem UO-Signal, dem Verhalten deines Hundes und der Belohnung entsteht. Lass dir keine Gelegenheit durch die Lappen gehen, um das UO-Signal fest zu verknüpfen!
Hast du alle leichten Ablenkungen durch, ist es an der Zeit, dass dein Hund sich nicht nur zu dir orientiert, sondern auch sehr schnell zu dir gelaufen kommt. Durch deine genialen Belohnungen hast du dafür jetzt die perfekte Basis gelegt. Jetzt kommt das Ankersignal ins Spiel.
Es bleibt alles wie vorher: Du bist an einem ablenkungsarmen Ort, du hast deine Belohnungen bereit. Zur Sicherheit kannst du deinen Hund an einer längeren Leine halten. Achte dabei aber immer darauf, dass die Leine locker bleibt. Sie ist nur dafür da, dafür zu sorgen, dass dein Hund nicht einfach verschwinden kann, falls du in einer Umgebung übst, in der dein Hund einfach loslaufen könnte.
Jetzt geht's los: Du rufst jetzt nicht mehr, während du neben deinem Hund stehst, sondern du entfernst dich fünf, sechs Meter weit. Dann gibst du zuerst dein UO-Signal. Dein Hund schaut sich zu dir um und wird ganz bestimmt in deine Richtung gelaufen kommen, weil er ja eine Belohnung von dir erwartet.
Während dein Hund auf dich zuläuft, gibst du dein Ankersignal. Du kannst entweder einen Intervallpfiff pfeifen oder „Zack-zack-zack" rufen oder was auch immer du möchtest. So gewöhnst du deinen Hund daran, dass

Rennt dein Hund auf dich zu, gibst du dein Ankersignal.

dein Ankersignal bedeutet, dass er sich in deine Richtung bewegen soll. Das ist viel effektiver, als wenn du einfach nur mal kurz rufst und erwartest, dass sich dein Hund sehr schnell und über weite Strecken zu dir hinbewegt. Sobald dein Hund bei dir angekommen ist, endet dein Ankersignal und du belohnst deinen Hund sehr großzügig, denn das hat er sich verdient.
Im Verlauf der nächsten Tage erweiterst du langsam, aber sicher immer mehr den Abstand zwischen dir und deinem Hund. Nutze verschiedene Belohnungen, sodass sich dein Hund immer freut, wenn du ihn rufst. Verwende deine Ablenkungs- und deine Belohnungsliste. Schaffe Hunderte von Gelegenheiten, an denen dein Hund strahlend zu dir gelaufen kommt und den Spaß seines Lebens dabei hat.

ACHTUNG

Wenn du mit deinem Hund den Rückruf trainierst, achte darauf, dass die Leine möglichst immer locker ist und der Mittelteil der Leine am besten sogar einfach am Boden aufliegt, während du rufst. Du möchtest von Anfang an dein Training so gestalten, dass es möglichst an spätere Situationen, in denen du rufst, erinnert. Und wenn du später mal rufst, ist dein Hund wahrscheinlich ohne Leine. Trainiere also von Anfang an so, dass die Leine für deinen Hund möglichst wenig spürbar ist, während du rufst, damit ein Leinenzug nicht aus Versehen zum Teil deines Rückrufsignals wird und der Rückruf ohne den Leinenzug dann eventuell nicht mehr funktioniert.

1

2

1. Baue dein Rückwärts-Signal kleinschrittig auf.

2. Bald reagiert dein Hund auf „Zurück“ und Leinenspannung.

3. Belohne immer erst von der Ablenkung weg, um Distanz zu schaffen.

Auf eins solltest du aber achten: Immer, wenn du deinen Hund im Alltag oder beim Spaziergang rufst, unterbrichst du ihn bei einer Tätigkeit. Solltest du das häufig tun, kann es gut sein, dass dein Hund irgendwann sehr genervt ist. Falls du Kinder hast, die immer mal wieder „Mammaaaaaa!“ rufen, während du versuchst, in Ruhe eine Tasse Kaffee zu trinken, weißt du, was ich meine. Selbst die beste Belohnung kann manchmal ein Genervtsein nicht verhindern und die Freude, die dein Hund beim Rückruf hat, ein wenig trüben. Und mit jedem Deckeln der Freude könnte der Rückruf ein wenig schlechter werden. Achte daher darauf, dass du das Rückruftraining nicht übertreibst und deinem Hund genügend Zeit gibst, sein Ding zu machen.

So legst du eine gesunde Basis für den perfekten Rückruf! Wenn du das Training gut umsetzt, wirst du merken, dass dein Hund mit und ohne Leine immer besser und vor allem sehr freudig folgt, wenn du rufst. Zusätzlich zum Rückruf solltest du dich aber für den Fall wappnen, dass dein Hund mal nicht auf dich reagiert. Für diesen Fall baust du vorher, bevor es passiert, ein ganz spezielles Signal auf. Ein Signal, das deinem Hund sagt: „Wir gehen jetzt rückwärts von der Ablenkung weg.“

Der Aufbau ist ganz einfach. Du hast deinen Hund an der Leine und natürlich wie immer passende Belohnungen bereit. Du stehst neben deinem Hund und gibst ein Wortsignal, zum Beispiel „Zurück“. Nachdem du das Signal gegeben hast, bringst du deine Leine leicht auf Spannung. Nicht so, dass sich dein Hund dagegenlehnen muss, um nicht umzufallen, sondern nur ganz leicht, sodass dein Hund merkt, dass die Leine unter Spannung steht. Wenn die Leine unter Spannung steht, lobst du deinen Hund ganz doll (einfach so) und wenn er sich dann zu dir umwendet, wirfst du

3

eine Belohnung hinter dich, sodass sich dein Hund mit dir zusammen umdrehen und die Belohnung erhaschen kann.
Das wiederholst du einige Male. Läuft das gut, probierst du mal aus, wie dein Hund reagiert, wenn er dein „Zurück"-Signal hört und spürt, wie die Leine auf Spannung gehalten wird. Wirft er sich gleich zu dir herum? Spitze! Dann schmeißt du wieder deine Belohnung hinter dich, sodass dein Hund Gas gibt, um sie zu erhaschen.
Auch diesen Schritt wiederholst du einige Male. Das kann sich gerne über zwei, drei Tage mit mehreren, kurzen Übungseinheiten am Tag ziehen, damit du eine gute Basis legst. Funktioniert das wunderbar, sorgst du für Ablenkung. Geh mal dahin, wo dein Hund ein klein wenig abgelenkt ist. Sei es im Garten, sei es auf der Straße vorm Haus, sei es am Waldrand. Dort wendest du wieder dein „Zurück"-Signal an. Reagiert dein Hund auf Wort und Leinenzug und dreht sich schnell in deine Richtung, belohnst du wieder durch geworfene Leckerchen oder Spielzeug oder mit einem gemeinsamen Rennspiel in die entgegengesetzte Richtung, von der Ablenkung weg. Was auch immer dein Hund großartig findet. Wenn es eine Ablenkung ist, die du auch als Belohnung nutzen kannst (wie zum Beispiel ein Hundekumpel), dann schickst du deinen Hund nach deiner Belohnung zur Ablenkung hin.
Übe über ein, zwei Wochen hinweg regelmäßig mit langsam steigender Ablenkung. Läuft es gut, kannst du die Ablenkung weiter steigern. Läuft es nicht so gut, verringere die Ablenkung und checke nochmal deinen Übungsablauf und die Belohnungen. Läuft es gut, hat dein Hund nun gelernt, sich schnell zu dir herumzudrehen und mit dir wegzugehen, wenn er das „Zurück"-Signal hört und die Leine auf Spannung ist.

Reagiert dein Hund nicht, geh näher ran.

WENN DER HUND NICHT REAGIERT

Und jetzt kommt der Tag der Tage: Dein Hund reagiert nicht auf dich, wenn du rufst. Dein Rückruf sollte nie ins Leere gehen. Deswegen ist die Schleppleine dran, solange dein Hund noch nicht zuverlässig in seiner Reaktion ist. Ist dein Hund ohne Leine, kann er sich aussuchen, ob er zu dir gelaufen kommt oder ob er etwas anderes interessanter findet. Jetzt ist der Zeitpunkt gekommen, an dem du deinem Hund lernt, dass der Rückruf keine Option, sondern tatsächlich ein „Muss" ist. Bei vielen anderen Signalen kann es uns egal sein, ob der Hund sie tatsächlich ausführt. Ob er nun „Sitz" oder „Platz" macht, wenn ich „Platz" sage, ist in den meisten Situationen völlig egal. Der Rückruf rettet aber mitunter ein Hundeleben.

Um hier die nötige Konsequenz mitzubringen, ist es aber überhaupt nicht nötig, den Hund einzuschüchtern, ihn zu ängstigen oder ihm sogar weh zu tun! Es reicht völlig aus, ihn freundlich daran zu hindern, den Rückruf zu ignorieren, und ihn zu dem Ort zu bitten, von dem aus du ihn gerufen hast.

Dafür nimmst du, nachdem du gerufen hast und dein Hund den Ruf ignoriert, die Schleppleine auf und bremst deinen Hund sanft aus. Achte darauf, deinen Hund nicht einzuschüchtern! Du musst nicht an der Leine rucken oder deinen Hund mit voller Wucht reinknallen lassen. Es reicht aus, wenn du vorsichtig einbremst.

Dann steht ihr beide also da: Dein Hund vorne an der Schleppleine und schaut vielleicht dem 12-Uhr-Hasen hinterher, der ihm zufällig über den Weg gehoppelt ist. Und du hinter deinem Hund mit der gespannten Leine in der Hand. Vielleicht hat die gespannte Leine das Hirn deines Hundes wieder angeschaltet. Atme einmal durch und rufe ihn. Reagiert er? Wenn ja, gib dein Ankersignal und belohne deinen Hund, wenn er bei dir ankommt. Wenn nein, hangele dich an der gespannten Leine zu deinem Hund. Das heißt: Du nimmst die Leine auf, während du dich auf deinen Hund zubewegst. Die Leine sollte dabei gespannt bleiben, damit dein Hund sich nicht in seine Wunschrichtung (also hin zur Ablenkung) bewegen und damit Erfolg haben kann. Zerre ihn aber nicht zu dir, denn dann hält er erst recht dagegen. Fass die Leine Stück für Stück nach. Ganz häufig ist es so, dass der Hund an der Bewegung der Leine merkt, dass du dich ihm annäherst, und sich dann doch zu dir herumdreht. Spätestens dann, wenn du neben ihm stehst, ihn nochmal ansprichst oder mit einem Leckerchen oder Spielzeug lockst. Wenn er das tut und sich dir zuwendet, gibst du dein Ankersignal und gehst rückwärts zurück zu dem Punkt, von dem aus du deinen Hund gerufen hast. Folgt er deinem Rufen und kommt zu dir gelaufen, belohnst du ihn mit einer kleineren Belohnung. Versuche dann in dieser Entfernung, deinen Hund noch einmal zu rufen. Folgt er dann sofort, gibst du ihm eine richtig, richtig große, tolle Belohnung. Er soll lernen: Reagiere ich sofort, dann lohnt sich das so richtig!

Reagiert dein Hund immer noch nicht, weil er zum Beispiel von einem hektischen Hasen völlig fasziniert ist, auch wenn du dich an der gespannten Leine zu ihm gehangelt hast und schon neben ihm stehst und dich munter bemerkbar machst, dann ist es an der Zeit, deinen Hund gelassen und freundlich abzutransportieren. Genau dafür hast du dein „Zurück"-Signal aufgebaut.

Du hältst die kurze Leine weiter auf Spannung und gibst dein „Zurück"-Signal. Reagiert dein Hund? Perfekt! Belohne ihn, sorge für etwas mehr Distanz zur Ablenkung und gib dann noch einmal dein Rückrufsignal. Reagiert er dann sofort, gibt es eine richtig große, dicke Belohnung!

Wenn du mehr Distanz schaffst, kannst du weiterüben.

Den Rückruf kannst du ganz nebenbei festigen.

Reagiert er nicht? Dann bewegst du dich an der gespannten Leine langsam rückwärts. Halte dabei deine Arme dicht an deinem Körper. Das verhindert, dass du an der Leine ruckst und sorgt für einen gleichmäßigen Zug. Wenn du langsam, sanft und vorsichtig ziehst, gibst du deinem Hund die Gelegenheit, sich herumzudrehen und mit dir zu gehen, ohne ihn aus dem Gleichgewicht zu bringen oder ihm Angst zu machen. Ziehst du zu schnell oder zu grob, kippt dein Hund aus dem Gleichgewicht, es wird unangenehm für ihn und er legt sich dann erst recht gegen deinen Zug. Solltest du merken, dass dein Hund auf deinen Zug ängstlich reagiert oder ihm sogar etwas weh tut, hörst du sofort auf damit.

Dein Hund kennt und mag das „Zurück"-Signal. Daher ist die Wahrscheinlichkeit groß, dass er sich recht schnell umdreht, wenn du ihn vorsichtig ziehst, sich von der Ablenkung abwendet und sich in deine

Richtung bewegt. Du schaffst auf diese Weise mehr Distanz zur Ablenkung, sodass dein Hund wieder ansprechbarer wird. Und dann sprich ihn bitte auch an! Sobald sich dein Hund zu dir herumdreht, lässt du die Leine locker, lobst ihn, feuerst ihn an und gehst weiter rückwärts bis zu dem Punkt, an dem du gerufen hast. Dort gibt es eine sehr kleine Belohnung, zum Beispiel ein Stückchen Trockenfutter.
Und jetzt rufst du deinen Hund noch einmal! Ihr seid ja jetzt weiter weg von der Ablenkung und die Chance ist groß, dass er auf dein Rufen reagiert. Und wenn er jetzt sofort reagiert, dann feierst du eine richtig dicke Party! Freu dich, rennt gemeinsam, wirf Leckerchen/Spielzeug, mach was Tolles! Und wenn möglich, lass deinen Hund zur Ablenkung hin. War es ein Hundekumpel, lass ihn spielen. War es ein Reh, lass ihn ein wenig die Spur abgehen. Dein Hund soll merken, wie klasse es ist, wenn er sofort reagiert.
Hat dein Hund einmal nicht reagiert, dann hatte das einen Grund! Entweder ist dein Training noch nicht so weit fortgeschritten oder er hat noch nicht richtig verstanden, was du von ihm möchtest. Setze dich nach so einer Situation hin und überlege, woran es gelegen haben mag. Hast du unter dieser Art Ablenkung schon mal trainiert? Wenn dem nicht so ist, dann überlege, wie du ähnliche Ablenkungen kontrolliert schaffen kannst, um damit zunächst in ausreichender Distanz zu üben. Verfalle nicht dem Gedanken, dass das „ja eine Ausnahme" gewesen wäre. Nope. Nutze einen Fehlschlag als Hinweis darauf, dass du dein Training noch etwas verfeinern solltest. Beim nächsten Mal funktioniert der Rückruf dann perfekt!

RÜCKRUFSPIELE

Du kannst deinen Rückruf spielerisch so ganz nebenbei aufpimpen: Belohne jeden Blickkontakt, den dein Hund dir zuwirft wenigstens mit einem Lächeln und einem freundlichen Wort.

- ☐ Gib dein Rückrufsignal, wenn dein Hund sowieso gerade sehr schnell auf dich zuflitzt und belohne großzügig das schnelle Heranlaufen zu dir.
- ☐ Initiiere ein kleines Rennspiel. Gib dein Rückrufsignal und laufe dann schnell von deinem Hund weg, sodass er dich einfangen kann. Viele Hunde lieben das!
- ☐ Versteck dich. Gib dein Rückrufsignal und verschwinde dann hinter dem nächsten Baum. Achte darauf, dass dein Hund siehst, wo du hinläufst, damit er sich nicht erschreckt oder in Panik gerät! Verstecke dich so, dass dein Hund dir fröhlich folgen kann.

VON DER LEINE IN DEN FREILAUF

Je besser und zuverlässiger dein Hund auf deinen Rückruf reagiert und je besser er sich durch dich lenken lässt, umso öfter kannst du ihn auch ohne Leine laufen lassen.
Aber Achtung: Hunde sind ja intelligente Wesen und haben schnell raus, dass du ihnen mit deiner Schleppleine den Spaß verderben kannst und dass sie ihren Bedürfnissen uneingeschränkt nachgehen können, wenn keine Schleppleine am Geschirr hängt. Deswegen solltest du den Freilauf sorgfältig vorbereiten. Übe nur dann, wenn du dir absolut sicher bist, dass dein Hund zurückkommt.
Nur nochmal zur Wiederholung, weil es so irre wichtig ist: Um einen Freilauf möglichst schnell zu ermöglichen, gestaltest du dein Rückruftraining von Anfang an so, dass das Training an der Leine und ohne Leine sich möglichst stark ähneln. Das bedeutet, dass du deinen Hund nicht erst rufst, wenn er schon in der gespannten Leine hängt. Rufe ihn im Training immer dann, wenn die Leine noch locker ist. Würdest du erst rufen, wenn sich die Leine schon spannt, lernte dein Hund, die gespannte Leine als zwingend notwendigen Teil deines Rückrufs anzusehen. Solltest du dann mal rufen, während die Leine locker ist (oder wenn dein Hund abgeleint ist), fehlt deinem Hund dann die Zusatzinformation „Leine muss gespannt sein" und es kann gut sein, dass er dann nicht oder nur sehr verzögert reagiert.

Die erste Regel

Deswegen lautet die erste Regel für den Übergang in den Freilauf: Übe den Rückruf immer an lockerer, durchhängender Leine!

Die zweite Regel

Sie lautet: Kündige das An- und Ableinen an.
Bevor du deinen Hund an- oder ableinst, gibst du ihm immer ein Signal. Du kannst zum Beispiel „Anleinen" sagen, bevor du deinen Hund an die Leine nimmst und „Frei", wenn du deinen Hund ableinst.
Du denkst vielleicht „Hä?", aber das Ankündigen von An- und Ableinen hat ganz erhebliche Vorteile. Viele Hunde weichen vor Schreck aus, wenn man plötzlich an ihr Geschirr oder das Halsband fasst. Das kann dazu führen, dass du deinem Hund immer hinterherlaufen musst, um ihn an- oder abzuleinen.
Viele Menschen neigen dazu, den Hund zu sich heranzuziehen, bevor sie ihn ableinen. Das ist für Hunde ziemlich unangenehm und sie kommen aus dem Gleichgewicht. Deswegen stemmen sie sich vorsichtshalber gegen den Zug. Durch das Ankündigen (und Belohnen) kannst du diese Verhaltensweisen verhindern.
Sage „Frei", bevor du dich deinem Hund annäherst, um ihn abzuleinen. Gehe dabei zu deinem Hund und ziehe ihn nicht zu dir her. Fasse nicht einfach plötzlich nach dem Karabiner, sondern stell dich so hin, dass dein Hund sehen kann, wo deine Hände hingehen. Erst, wenn dein Hund ruhig stehenbleibt, greifst du nach

1

2

1. Arbeite vor allem mit lockerer Leine.

2. Kündige An- und Ableinen an.

dem Karabiner und leinst ihn ab. Belohne ihn für das ruhige Warten auf das Ableinen. Auf Dauer sorgt das dafür, dass dein Hund stehenbleibt und auf das Ableinen wartet, wenn du „Frei“ sagst.
Sage „Anleinen“, bevor du dich deinem Hund annäherst, um ihn anzuleinen. Auch hier gilt: Erschrecke deinen Hund nicht. Zeige ihm kurz den Karabiner und bewege dich so, dass dein Hund sehen kann, wo deine Hand mit dem Karabiner hingeht. Weicht dein Hund aus, lass ihn ausweichen und warte, bis er sich wieder gefangen hat und versteht, was du da gerade tust. Das siehst du daran, dass er ruhig stehenbleibt. Leine ihn an, wenn er ruhig stehenbleibt und belohne ihn dann für das ruhige Warten. Auf Dauer sorgt diese Praxis dafür, dass sich dein Hund gelassen anleinen lässt, ohne dass ihr „Hasch mich“ spielen müsst.

1

2

1. Belohne nach dem Karabinerklicken.
2. Hänge zur Sicherheit zwei Karabiner ein.

Die dritte Regel

Diese lautet: Nach dem Ableinen passiert etwas Tolles, bevor es in den Freilauf geht.

Du kennst das vielleicht von deinem Hund: Sobald er den Karabiner klicken hört, gibt er schon Vollgas und würde gerne irgendwo am Horizont verschwinden, um herauszufinden, was die Welt heute für ihn in petto hat. Das hast du ihm so beigebracht, da du nie darauf geachtet hast, dass er nach dem Ableinen erst einmal kurz und entspannt bei dir bleibt. Sorry, ist so. Das wäre auch nicht weiter schlimm, wenn dein Hund nach dem Ableinen ansprechbar bleiben würde. Das ist aber oft nicht der Fall, weil der Hund das Ableinen oft als Zeichen für Mega-Action erlernt hat und deswegen direkt Gas geben möchte.

Damit dein Hund sich aber von seinem Erkundungsdrang nicht komplett überwältigen lässt und zunächst einmal bei dir eincheckt, bringst du ihm jetzt etwas anderes bei. Du zeigst deinem Hund, dass das Klicken des Karabiners an der Leine eine schöne Interaktion mit dir bedeutet.

Und so fängst du an: Du stellst dich neben deinen angeleinten Hund. Dann fasst du nach dem Karabiner, lässt ihn einmal klicken, indem du den Verschluss öffnest, aber gleich wieder schließt. Der Karabiner bleibt dabei aber im Geschirr oder Halsband eingehakt. Sobald dein Hund das „Klick“ hört, belohnst du ihn. Im Optimalfall bist du schnell genug und erwischst ihn, bevor er versucht, einfach loszustürmen. Er lernt, dass das Klicken des Karabiners nicht gleich ein aufregendes Losstürmen in die Umwelt bedeutet, sondern eine Belohnung bei dir. Wiederhole das in mehreren Übungseinheiten so lange, bis sich dein Hund nach dem Karabinerklicken zu dir herumdreht, statt einfach loszulaufen.

Im nächsten Schritt brauchst du eine Leine mit zwei Karabinern oder zwei Leinen. Beide Karabiner werden am gleichen Ring eingehängt. Statt nun den Karabiner einfach nur klicken zu lassen, leinst du deinen Hund diesmal tatsächlich ab und trittst einen Schritt zurück. Allerdings leinst du nur einen Karabinerhaken aus dem Ring aus, der zweite bleibt zur Sicherheit am Hund. Hast du den ersten Schritt anständig geübt und hat dein Hund das Karabinerklicken als Zeichen für eine Belohnung verinnerlicht, wird er sich zu dir herumdrehen und zu dir kommen. Das belohnst du natürlich großzügig. Tut er das nicht, kannst du mit der zweiten Leine verhindern, dass er einfach losrennt. Warte dann einfach, bis er sich zu dir herumdreht, lobe ihn und belohne ihn. Auch hier gilt: Wiederholung ist Trumpf.

Im dritten Schritt ist es dann so weit: Du leinst deinen Hund ab, ohne dass du eine zweite Sicherheitsleine am Hund hängen hast. Dann machst du zwei Schritte rückwärts. Hast du bisher wirklich gut geübt, wird sich dein Hund jetzt zu dir herumdrehen und erst einmal zu dir kommen, statt direkt in die Umwelt durchzustarten. Übe zunächst unter wenig Ablenkung in einer Umgebung, die du gut überblicken und einschätzen kannst. Lasse deinen Hund auch nicht direkt frei laufen, sondern lasse ihn zunächst seine Umgebung erkunden, Gerüche aufnehmen, sich umschauen. Fühlt sich dein Hund unwohl, ist der unsicher oder hochgradig erregt, weil gerade Häschenduft in seine Nase zieht, lass ihn besser zunächst angeleint. Fühlt er sich sicher und kann entspannt bleiben? Dann ist das der richtige Zeitpunkt für eine Offline-Runde.

Immer, wenn du deinen Hund ableinst, machst du zunächst etwas Nettes, Ruhiges mit ihm. Ein kleines Leckerli-Suchspiel, eine Kuschelrunde (falls dein Hund das mag), ein kleiner Trick, ein, zwei Gehorsamsübungen, die dein Hund mag. Wenn dein Hund entspannt fröhlich ist, ist das ein guter Zeitpunkt, um in den Ohne-Leine-Modus zu gehen. Beobachte deinen Hund dabei und freu dich, wenn er ohne Leine seine Umwelt erkunden kann. Merkst du, dass seine Erregung hochschießt, schalte dich freundlich ein, mach dich bemerkbar und lade deinen Hund ein, mit dir gemeinsam angeleint das zu erforschen, was ihn hibbelig werden lässt. So sind du und die Leine keine Spielverderber, sondern eine wertvolle Hilfe im Alltag.

Offline, aber dennoch gemeinsamer Spaß.

BEGEGNUNGEN MEISTERN

ENTSPANNT UNTERWEGS

Dein Hund kann lernen, sich bei Begegnungen von Hunden und Menschen zu benehmen.

Die Herausforderung

Jetzt weißt du schon, wie du mit deinem Hund mit und ohne Leine gut während deines Gassis zurechtkommst. Das funktioniert auch alles wunderbar, bis zu dem Moment, an dem ein joggender Mensch oder ein anderer Hund auftaucht.

Zack, ist dein Hund verschwunden, springt fremde Menschen an, zofft sich mit anderen Hunden. Es hätte ein schönes Gassi werden können, wenn nicht …

Aber das muss nicht sein. Mit Umsicht und Training meisterst du auch Begegnungssituationen. Du kannst deinem Hund beibringen, andere Menschen oder Hunde ruhig zu passieren und sich selbst von Fahrrädern oder Rollern nicht aus dem Konzept bringen zu lassen.

Und wie so oft ist es auch hier so, dass das Verhalten deines Hundes eigentlich völlig normal ist. Vielleicht sind Menschen für ihn eine gute Gelegenheit, sich Streicheleinheiten abzuholen. Dann findet er sie natürlich toll und möchte Kontakt aufnehmen. Vielleicht sind ihm joggende Menschen, die sich schnell und vielleicht auch genau auf ihn zubewegen, ein wenig unheimlich. Dann rennt er natürlich hin und möchte sie stoppen. Vielleicht mag er andere Hunde und möchte spielen. Dann ist er natürlich aufgeregt. Vielleicht mag er andere Hunde nicht und fühlt sich von ihnen bedroht. Dann bellt er natürlich.

Ich mache immer wieder darauf aufmerksam, dass kein Hund der Welt unerwünschtes Verhalten zeigt, um dich zu ärgern. Er hat gute Gründe für das, was er tut, auch wenn du sein Verhalten nicht magst. Aber gute Gründe zu haben bedeutet ja nicht, dass du seinem Verhalten einfach ausgeliefert bist. Du kannst daran etwas verändern und solltest das auch, damit ihr beide stressfreier durch den Alltag kommt. Und mit etwas Verständnis für den Hund trainiert es sich einfach leichter, weil du dich von deinem Hund in Frage gestellt sehen musst. Ihr seid ein Team!

WICHTIG

Wenn du Begegnungen trainieren möchtest, solltest du das zunächst in einer Umgebung tun, in der du möglichst viel Kontrolle über das hast, was dort passiert.

Das Training

Beginne also zunächst in einer Umgebung, in der du andere Hunde, Menschen, Fahrräder, Kinder und so weiter schon von Weitem sehen kannst. Suche ein Gelände, auf dem du gut ausweichen kannst.

Suche dir ein Gebiet, in dem Leinenpflicht herrscht, sodass du (relativ) sichergehen kannst, dass dir kein freilaufender Hund plötzlich entgegengerannt kommt. Auch dein eigener Hund sollte angeleint sein. Idealerweise ist es ein Gelände mit Wiesen oder vielen kreuzenden Wegen oder parkenden Autos, hinter denen du kurz für Sichtschutz sorgen kannst, falls das notwendig sein sollte.

BELOHNUNGEN NICHT VERGESSEN

Halte Belohnungen bereit, die dein Hund besonders gerne mag und die er auch noch in Situationen nimmt, in denen er sich gerne viel bewegen möchte und aufgeregter ist. Das können besonders gute Leckerchen sein oder auch ein Spielzeug oder was immer dir einfällt. Mit Leckerchen tut man sich anfangs aber oft leichter, weil sie so leicht zu handhaben sind. Einfach in die Leckerchentasche greifen und belohnen. Einfacher geht es nicht, der Hund freut sich und macht gerne mit.

„ZURÜCK"-SIGNAL FESTIGEN

Hier kannst du auch dein „Zurück"-Signal aus dem letzten Kapitel sehr gut gebrauchen. Frische das noch einmal auf, bevor du in Begegnungssituationen gehst. Hat dein Hund bisher Pfotentapsen auf fremden Hosen hinterlassen, Fahrräder gejagt oder andere Hunde angebellt, sorgst du jetzt für eine neue Verknüpfung.
Achte darauf, wo dein Hund hinschaut und wohin er seine Aufmerksamkeit wendet. Lass deinen Hund nicht aus den Augen. Du möchtest unbedingt mitbekommen, sobald sich sein Verhalten verändert und er zeigt, dass er etwas wahrgenommen hat, was bei ihm unerwünschtes Verhalten auslösen könnte. Sobald dein Hund etwas sieht (oder hört), bei dem er normalerweise sehr unruhig werden würde, checkst du erst einmal den Abstand: Bist du weit genug weg, sodass dein Hund den Reiz (also: Hund, Fahrrad, Mensch …) zwar wahrnehmen kann, aber noch ansprechbar ist? Das kann du feststellen, indem du deinem Hund ein Stückchen Futter anbietest.

„Anbieten“ heißt: nicht einfach ins Maul schieben! Kann dein Hund das Futter in deiner Hand noch erschnüffeln und es ruhig und ohne Hektik fressen? Dann hast du den richtigen Abstand, um mit deinem Training zu starten. Reicht der Abstand noch nicht aus, gib dein „Zurück“-Signal und dreh um. Sorge erst einmal für mehr Abstand und starte dein Training, wenn die Entfernung so groß ist, dass dein Hund ruhig bleiben kann.

DAS TIMING

Jedes Mal, wenn dein Hund zum Reiz (Hund, Mensch …) schaut, also seine Aufmerksamkeit dorthin wendet, lobst du ihn und bietest ihm ein besonders leckeres Stück Futter an. Das klingt erst einmal kontraproduktiv, denn du möchtest ja gar nicht, dass dein Hund auf diesen Reiz reagiert. Du veränderst jetzt aber die Verknüpfung. Bisher hat dein Hund den Reiz wahrgenommen und dich ausgeblendet. Jetzt nimmt er ihn wahr und du schaltest dich nett mit ein. Er blendet dich also nicht mehr völlig aus.

2

1. Sieht dein Hund einen Reiz, beginnst du mit dem Training.

2. Dein Hund verhält sich ruhig? Du belohnst.

Sieht dein Hund einen Reiz. Dann dreht er sich zu dir herum.

ERWARTUNG STÄRKEN

Wenn du Zeit genug hast und der Abstand zum Reiz ungefähr gleich bleibt, kann es gut sein, dass du 10–15 Stückchen Futter verfütterst, weil dein Hund immer wieder hinschaut. Wenn du immer wieder fütterst, wirst du, wenn die Entfernung stimmt und dein Hund ansprechbar bleibt, eine Veränderung bemerken: Dein Hund entwickelt eine Erwartungshaltung.

Er denkt: „Hey, ich gucke dieses Dings da hinten an und dann bekomme ich Futter. Wie klasse!“. Er erwartet also eine Belohnung von dir, wenn der Reiz auftaucht.

Diese Erwartungshaltung sorgt dafür, dass dein Hund nach einigen Wiederholungen zum Reiz hinschauen kann und sich danach zu dir wendet, weil er eine Belohnung erwartet. Das ist der Moment, in dem du switchen kannst. Jetzt gibst du deine Belohnung nicht mehr für den Blick zum Reiz, sondern du wartest, bis dein Hund zuerst den Reiz angeschaut hat und sich danach zu dir umwendet. Warte aber wirklich erst darauf, dass dein Hund den Reiz wahrnimmt und erst danach zu dir schaut, damit die Verknüpfung Reiz-Belohnung bestehen bleibt. Du möchtest deinen Hund ja nicht ablenken, sondern du möchtest, dass er erst hinschaut und dann zu dir schaut. Blickt dein Hund nicht mehr zu dem hin, was da von vorne kommt, kannst du selbst in die Richtung des Fahrrads/Hundes/Menschen schauen. Oft wendet der Hund dann den Blick kurz ab und blickt doch nochmal hin und du hast wieder eine tolle Gelegenheit zur Belohnung. Und so hast du schnell einen Hund, der nicht mehr nach vorne bellt oder zieht, sondern bei dir eincheckt, wenn etwas auftaucht, was ihn sonst zum Bellen gebracht hat. Am wichtigsten dabei ist und bleibt anfangs die richtige Distanz. Bist du zu nah dran, ist dein Hund zu schnell nicht mehr ansprechbar und kann nicht mehr gut mit dir üben. Trainiere immer so, dass dein Hund alles richtig machen kann. So lernt er am schnellsten.

Kann dein Hund etwas in der Distanz wahrnehmen und sich dann zu dir umwenden, kannst du dich nach und nach annähern.

Achtung: Achte beim Annähern bitte genau auf die Körpersprache deines Hundes, insbesondere, wenn es um Reize geht, die dein Hund vielleicht als bedrohlich wahrnehmen könnte. Oft bemerken wir gar nicht, wenn der Hund sich nicht weiter annähern will, weil er das nur sehr subtil zeigt. Wird dein Hund beim Annähern langsamer? Wendet er sich ab? Bleibt er sogar stehen? Wird seine Körpersprache angespannter, steifer, geduckter oder gar hektischer? Dann bleib mit ihm stehen! Zwinge ihn nicht weiterzugehen, sondern bleibe in einer Distanz, in der dein Hund sich noch wohlfühlt und ansprechbar ist.

Möchte dein Hund sich weiter annähern, gehst du mit, solange dein Hund ruhig und ansprechbar bleibt. Sollte er sich abwenden und schnüffeln, lass ihn! Sollte er einen Bogen laufen wollen, geh mit! Wird er langsamer, wirst du auch langsamer! Gib deinem Hund Zeit, die Situation einzuschätzen und sich sicher zu fühlen. Merkst du, dass er sehr aufgeregt wird, weil der Reiz sich zum Beispiel zu schnell annähert, sorge für mehr Distanz.

ABSTAND HALTEN

Das gilt insbesondere für Hundebegegnungen, da dein Hund einfach Zeit braucht, einen anderen Hund einzuschätzen und zu entscheiden, ob er sich annähern möchte oder lieber nicht. Und natürlich gilt das auch für den anderen Hund. Nähere dich nicht weiter an oder mache einen Bogen, wenn du merkst, dass sich ein Hund (oder auch ein Mensch), der euch entgegenkommt, unwohl fühlt. Auf diese Weise kommst du irgendwann bequem an fremden Hunden oder Menschen vorbei. Anfangs wirst du vielleicht häufig ausweichen und große Bögen laufen müssen, aber je öfter dein Hund lernt, dass er einfach Distanz einnehmen kann, wenn er keinen Kontakt wünscht, umso gelassener kann er die Annäherung an Reize, die er vielleicht als bedrohlich empfinden könnte, annehmen.

WENN DER ANDERE HUND KOMMT

Und dann gibt es auch noch die Situationen, in denen du hilflos mitansehen musst, dass ein freilaufender Hund auf dich zugeschossen kommt. Mag dein Vierbeiner andere Hunde und der fremde Hund ist freundlich: Alles paletti. Wenn beide neugierig aufeinander sind und entspannt mit fremden Hunden umgehen können, kommen sie in der Regel miteinander klar.
Wenn du aber das Gefühl hast, dass der fremde Hund nicht so freundlich ist oder dein Hund ein echtes Problem in solchen Begegnungen hat, dann musst du tätig werden, um zu verhindern, dass dein Hund (oder der fremde Hund) physischen oder psychischen Schaden nimmt.
Als Erstes bittest du den dazugehörigen Menschen, den Hund abzurufen. Manchmal nützt das auch etwas. Oft genug aber leider nicht. „Der tut nix“, ist leider die gängige Version von „Wenn ich den jetzt rufe, dann kommt der eh nicht“. Du brauchst also noch ein paar Zusatz-Strategien.

„DIE MACHEN DAS UNTER SICH AUS!“

Ja, klar machen die das unter sich aus. Allerdings nicht unbedingt so, wie wir uns das wünschen. Es ist ein Trugschluss zu glauben, dass sich zwei Hunde prügeln und danach wie in alten Bud Spencer-Filmen Arm in Arm zur Bar wanken und gemeinsam anstoßen. Prügeln sich zwei Hunde, werden sie danach so schnell keine Freunde mehr. Wenn du nicht absehen kannst, dass ein Konflikt halbwegs friedlich beigelegt wird, versuche die Situation so zu gestalten, dass beide Hunde mit heiler Haut davonkommen. Das ist dein Job als Bezugsperson deines Hundes.

Bald kann dein Hund Reize ruhig passieren.

STRESS VERMEIDEN

Der Mensch muss den Hund schützen,
wenn eine überfordernde Situation droht.

Strategien für unerwünschte Begegnungen

Manchmal geraten wir in Situationen, wo guter Rat teuer ist. Es hilft, sich vorher ein paar Gedanken gemacht zu haben, was wir machen, wenn es zu Begegnungen kommt, die wir nicht wollten.

HOCHNEHMEN

Wenn du einen Hund hast, den du auf den Arm nehmen kannst, dann nimm ihn auf den Arm. Ja, du wirst dir dumme Sprüche anhören müssen. Steh einfach drüber. Du bist oft der einzige Schutz, den dein Hund hat. Insbesondere wenn er angeleint ist, kann er nicht ausweichen oder sich in Sicherheit bringen. Hilf ihm, wenn es zu einer Begegnung kommt, die für deinen Hund unschön sein könnte. Wichtig ist, dass du das Hochnehmen vorher übst und deinen Hund nicht einfach von den Füßen reißt, damit er sich auch gut hochnehmen lässt und nicht rumzappelt oder versucht, dir auszuweichen. Bau ein Signal auf, wie zum Beispiel das Wort „Hoch". Sage das Wort und biete deinem Hund an, dass du ihn auf den Arm nimmst. Du kannst dich zum Beispiel etwas zu ihm beugen und die Arme ausstrecken. Weicht dein Hund aus, darf er das. Dann versuchst du das noch einmal und streckst die Arme dann nicht so weit in seine Richtung. Kann dein Hund das gut aushalten, gibst du ihm eine Belohnung. Baue das dann Schrittchen für Schrittchen weiter aus, sodass du deinen Hund irgendwann anfassen und ihn hochnehmen kannst. Achte darauf, dass du deinem Hund Halt gibst! Lass seine Pfoten nicht einfach in der Luft baumeln, sondern nimm ihn so hoch, dass er sich sicher fühlen kann. Beim Absetzen auf dem Boden gilt dasselbe: Lass ihn nicht einfach von deinem Arm springen. Setze ihn sanft und sicher wieder am Boden ab.
Wenn dein Hund von oben herab auf den anderen Hund runterbellt, ist das ein Zeichen für dich, dass sich dein Hund noch nicht sicher fühlt. Wenn du deinen Hund auf den Arm nimmst, kann es eventuell sein, dass der fremde Hund an dir hochspringt und versucht, deinen Hund zu erreichen. Sollte das passieren, dreh dich um und geh weg. Wenn du mehr

WICHTIG

Wenn dich der andere Hund anspringt oder dein Hund auf den anderen runterbellt, dann drehe dich um und gehe etwas weiter weg!

Distanz schaffst, wird das Interesse an deinem Hund meistens kleiner. Ist der fremde Hund sehr aggressiv, kann es sein, dass er nach dir schnappt. Ich kann gut verstehen, wenn Menschen das Risiko, eventuell gebissen zu werden, nicht eingehen möchten. Ich persönlich lasse lieber mich beißen als meinen Hund, aber das ist eine Risikoabwägung, die jeder Mensch selbst treffen muss und jede individuelle Entscheidung ist legitim.

GERUCHSFALLE

Eine weitere Möglichkeit, sich einen fremden Hund kurz vom Hals zu halten, ist die Geruchsfalle. Hunde sind bekanntermaßen sehr nasenfixiert. Das kannst du dir zunutze machen. Du hast einen vollen Haufenbeutel dabei? Perfekt! Du hast sehr gut riechendes Futter dabei? Umso besser!

Wenn dir ein Hund auf die Pelle rückt, der nicht zielgerichtet aggressiv unterwegs, sondern „nur" sehr aufdringlich ist, kannst du ihm eine Geruchsfalle stellen.

Wirf dem herankommenden Hund einfach deinen vollen Haufenbeutel entgegen. Durch die Bewegung ist er schon mal abgelenkt, der Geruch tut sein Übriges. Die Zeit, in der der Hund abgelenkt ist, kannst du nutzen, um kurz um die nächste Ecke zu verschwinden.

Das Gleiche gilt für sehr gut riechendes Futter. Nimm eine Handvoll Futter und wirf sie dem aufdringlichen Hund entgegen. Auch hier gilt: Bleibe nicht stehen, sondern nutze die Zeit, um wegzugehen.

Der Vorteil des Futters: Menschen, die sehen, dass ihr Hund gefüttert wird, nähern sich meistens sehr schnell an und sammeln ihren Hund wieder ein. Oft schneller, als sie es tun würden, wenn man sie einfach darum bittet.

Manchmal bekomme ich auf diesen Tipp die Antwort, dass es ja auch Hunde mit schweren Allergien gäbe, für die diese Praxis echt gefährlich wäre. Mal ehrlich: Wenn jemand einen Hund hat, der schwerste Allergien hat, dann sollte der entweder richtig gut durch seine Bezugsperson lenkbar sein – dann rennt der auch nicht einfach auf dich und deinen Hund zu – oder er hört nicht gut und muss dann an der Leine bleiben.

Haufenbeutel sind ein gutes Ablenkungsobjekt.

Nicht nur, damit er von fremden Personen nicht gefüttert wird, sondern einfach, damit er nicht unbemerkt etwas vom Boden frisst. Läuft der Hund frei herum, ist er zusätzlich nicht lenkbar und wird einfach zu fremden Menschen hingelassen (bei denen man ja nie weiß, ob sie einen Hund nicht vielleicht füttern), kann die Allergie nicht so schlimm sein.

WARTEN TRAINIEREN

Wichtig ist, dass du das Werfen von Haufenbeutel oder Futter vorher mit deinem Hund übst. Der soll ja nicht hinterhersprinten, sondern bei dir bleiben und mit dir weggehen. Und so trainierst du mit deinem Hund das Warten, wenn du etwas wirfst:

Erster Schritt: Werfen faken

Nimm deinen Hund an deine Seite und gib ihm ein „Warte"-Signal. Er muss nicht sitzen oder liegen. Stehenbleiben reicht völlig aus.
Tu dann so, als ob du deinen Leckerchenbeutel, eine Handvoll Futter oder ein Spielzeug wirfst. Du hältst also einen Gegenstand in der Hand und tust so, als ob du diesen Gegenstand wirfst. Mach die Wurfbewegung so klein, dass dein Hund ruhig bleiben kann. Während deiner Wurfbewegung lobst du deinen Hund (oder du markerst, falls ihr mit Marker arbeitet) und wirfst ihm ein Leckerchen hinter euch. „Werfen" deswegen, weil er durch deine Wurfbewegung vielleicht schon in Erwartung von Bewegung ist und dann ist das Werfen eine sehr gute Belohnung. Du wirfst „hinter dich", damit dein Hund sich direkt angewöhnt, sich in die entgegengesetzte Richtung zu bewegen, wenn du etwas geworfen hast.
Übe das mit einer immer heftigeren Wurfbewegung, ohne den Gegenstand tatsächlich zu werfen. Für die nächsten Schritte gilt: Kann dein Hund drei Wiederholungen ruhig bleiben, machst du eine kurze Pause und nimmst dir dann den nächsten Schritt vor. Funktioniert das nicht, gehst du einen Schritt im Plan zurück. Funktioniert auch dieser Schritt nicht mehr, machst du eine längere Pause.

Zweiter Schritt: Mit Hilfsperson

Kann dein Hund ruhig bleiben, auch wenn du deine gefakte Wurfbewegung intensivierst, übst du als Nächstes mit einer Hilfsperson. Du machst wieder deine Wurfbewegung und übergibst die Leckerchen/das Spielzeug danach an die Hilfsperson. Dabei wirfst du nicht, sondern gibst den Gegenstand ruhig weiter.
Schafft dein Hund das, wirfst du den Gegenstand eine kurze Strecke und die Hilfsperson fängt ihn auf. Danach wirfst du den Gegenstand eine weitere Strecke und die Hilfsperson legt ihn am Boden ab. Das Ablegen am Boden ist ein schwieriger Schritt. Belohne deinen Hund besonders gut, wenn er das aushält. Schafft dein Hund das, wirfst du den Gegenstand, die Hilfsperson fängt ihn auf und lässt ihn dann auf den Boden fallen.

Jetzt übst du wie im Ernstfall, mit Leckerchen und Hundehaufenbeutel.

Dritter Schritt: Ohne Hilfsperson

Kann dein Hund ruhig bleiben, auch wenn die Hilfsperson den Gegenstand nach dem Fangen auf den Boden wirft, kannst du wieder alleine üben. Jetzt wirfst du den Gegenstand und er fällt direkt auf den Boden. Bleibt dein Hund ruhig: Hurra!! Du hast es geschafft.
Jetzt übst du weiter mit verschiedenen Gegenständen, wie Haufentüten, die du z. B. mit einem Ball füllst, damit sie besser fliegt (Nein, du musst dafür nicht zwingend einen Hundehaufen verwenden, aber du darfst natürlich, wenn du möchtest). Und du übst mit sehr großen Stücken Futter. Und du übst mit vielen kleinen Stückchen Futter, die du gleichzeitig wirst. Nimm das, was du im Ernstfall auch verwenden würdest. Kann dein Hund ruhig stehenbleiben, auch wenn du sehr leckere Dinge wirfst, kannst du diese Strategie bei der nächsten unerwünschten Hundebegegnung verwenden.

WENN ES DOCH ZUM DIREKTKONTAKT KOMMT

Jetzt ist es an dir, für richtig gute Laune bei allen Beteiligten zu sorgen. Wenn du selbst vor Aufregung kaum Luft kriegst und bedrohlich auf die Hunde einschimpfst, eskaliert die Situation eher, als wenn du für eine möglichst entspannte Atmosphäre sorgst.
Säusel fröhlich und aufmunternd „Ihr macht das toll! Feine Hunde seid ihr! Sooo brav!" oder irgendetwas anderes, was dir leicht über die Lippen geht. Die meisten Hunde reagieren auf einen freundlichen, fröhlichen Tonfall spontan mit etwas Entspannung, weil sie so nette Worte oft mit guter Laune verbinden. Bleibe nicht schockstarr stehen, sondern bewege dich ein wenig.
Mit etwas Glück kannst du die Situation so lange auflockern, bis der Mensch auftaucht, der zum fremden Hund gehört und seinen Hund einsammelt. Und wer weiß: Vielleicht sind sich die Vierbeiner vorsichtig sympathisch.
Sollte es doch zu einer Rauferei kommen, bei der du das Gefühl hast, dass es ernster wird und nicht nur kurzes, lautes Getöse ist, hast du allein leider kaum eine Chance. In eine Keilerei reinzugreifen, kann gefährlich sein. Selbstschutz geht immer vor. Ist allerdings der zum fremden Vierbeiner zugehörige Mensch schon auf dem Weg, kannst du für „Huch"-Momente sorgen und die Hunde so dazu bringen, kurz voneinander abzulassen, sodass jeder seinen Hund wieder einsammeln kann.
Kurze „Huch"-Momente schaffst du,

indem du zum Beispiel dem angreifenden Hund deine Jacke über den Kopf wirfst und so kurz das Licht ausknipst. Oder du spannst sehr schnell einen Regenschirm auf. Das Geräusch des Regenschirms lässt manche Hunde innehalten. Oder du kippst eine Wasserflasche über dem Hundegesicht des Angreifers aus. Oder du kippst sämtliche Leckerchen, die du noch hast, über den Angreifer aus. Manchmal lässt er dann ab, weil er kurz abgelenkt ist. Natürlich sollen die beiden Hunde dann nicht gemeinsam nach den Leckerchen suchen, sondern das kurze Ablassen verschafft dir und dem anderen Hundemenschen einen kurzen Moment, um die Hunde festzuhalten, anzuleinen und Abstand zu schaffen, sodass sie nicht wieder aufeinander losgehen können.

Bleibe freundlich im Direktkontakt, auch wenn sich dein Hund unwohl fühlt.

1

2

1. Zu erkennen, ob die Hunde wirklich spielen, braucht etwas Übung.

2. Spiel findet nur statt, wenn die Hunde Vertrauen zueinander haben.

SPIELEN LASSEN?

Zunächst einmal: Ich stelle immer wieder fest, dass die meisten Hunde nur gechillt und fröhlich mit den Hunden spielen, die sie gut kennen und zu denen sie Vertrauen haben. Wenn du genau hinschaust, wirst du vielleicht bemerken, dass das „Spiel“ unter fremden Hunden ganz häufig keins ist und dass die Hunde starke Stressanzeichen zeigen. Sie machen es nicht einfach „unter sich aus“.
Der Irrtum, dass jeder Hund mit jedem anderen Hund automatisch gut auskommt oder einen Konflikt auskämpft, um dann hinterher beste Kumpels zu werden, hat schon vielen Hunden sehr traumatische Erfahrungen beschert. Aus diesem Grund halte ich gar nichts davon, einen Hund, der gerne mit anderen spielen möchte, einfach so frei zu fremden Hunden hinlaufen zu lassen!

Einverständnis einholen

Ein Kontakt zu einem unbekannten Hund sollte nur erfolgen, wenn die dazugehörigen Menschen für ihren Hund das „Okay“ geben (die kennen ihn ja normalerweise am besten) und die Hunde sich offensichtlich sympathisch finden.
Wenn dein Hund zu den Vierbeinern gehört, die unbekannte Hunde wirklich von Herzen gerne begrüßen und der fremde Hund auch Anzeichen

zeigt, dass er deinen Hund mag, und der dazugehörige Mensch sagt, dass das okay ist, dann kannst du natürlich gerne einen Direktkontakt zulassen. Vielleicht möchten die beiden Hunde sich dann vorsichtig kennenlernen und ganz vielleicht sogar ein wenig miteinander spielen.
Sobald das Spiel allerdings kippt und sich einer der Hunde unwohl fühlt, solltet ihr eine Spielpause machen oder das Spiel sogar abbrechen.

Spiel erkennen

Doch woran erkennst du, dass es sich um ein Spiel zwischen den beiden handelt oder ob das Spiel keines mehr ist? Es gibt einige Anzeichen, an denen du Spiel unter Hunden gut erkennen kannst:

Rollenwechsel: Einer rennt vor, der andere hinterher und dann läuft es umgekehrt. Wird stattdessen immer nur ein Hund gejagt, dabei auch gerne mal über den Haufen gerannt, ist das „Spiel" sehr einseitig und macht nur einem Hund Spaß. Häufig kannst du auch sehen, dass ein Hund versucht, den anderen Hund zu stoppen, indem er sich herumdreht. Geht der andere Hund darauf nicht ein und rennt einfach in den stoppenden Hund rein, ist das kein gutes Spiel mehr.
Beim Rangeln ändern sich immer wieder mal die Positionen. Mal liegt einer auf dem Rücken, mal steht er über dem anderen Hund. Wird stattdessen ein Hund immer wieder auf den Boden gedrückt und kann nicht aufstehen, ist das kein schönes Spiel mehr.

Weiche, lockere Bewegungen: Beim Spielen zeigen Hunde ganz übertriebene, weit ausholende, weiche Bewegungen. Es entsteht sogar der Eindruck, dass dein Hund über beide Backen grinst, wenn er ein Spielgesicht zeigt. Die Wirbelsäule biegt sich locker und der ganze Körper bewegt sich rund. Ist der Körper stattdessen angespannt und starr, ist das kein angenehmes Spiel mehr.

Zurücknehmen und Pausen machen: Beim Spiel gibt es das sogenannte „Self-Handicap". Das bedeutet, dass sich Hunde in ihren körperlichen Fähigkeiten zurücknehmen, um eine schöne Spielatmosphäre zu schaffen. Beispiel: Ein großer Hund macht sich vor einem kleineren Hunden winzig und legen sich auf den Boden oder auf die Seite, damit der kleinere Hund auf ihm herumklettern kann. Nutzt der größere Hund permanent seine körperliche Überlegenheit aus und hält den kleineren Hund fest oder trampelt auf ihm herum, ist das kein fröhliches Spiel mehr.
Außerdem rennen spielende Hunde nicht ausdauernd permanent im Kreis und jagen sich (vor allem dann nicht, wenn immer nur ein Hund gejagt wird). Spielende Hunde machen zwischendurch kurze Pausen, bleiben mal stehen, richtigen sich neu aus, fordern neu auf. Laufen Hunde dauerhaft in hohem Tempo hintereinander her oder wird pausenlos gerangelt, steigt die Wahrscheinlichkeit, dass es irgendwann in Aggression kippt.

Ein kleiner Test

Seid ihr euch nicht sicher, ob sich einer der Hunde noch wohlfühlt, weil er zum Beispiel immer wieder verfolgt und über den Haufen gerannt wird, haltet den „Verfolger" mal einen kleinen Moment freundlich fest und unterbrecht dadurch kurz das Spiel. Wie verhält sich der verfolgte Hund? Nimmt er gleich wieder Kontakt auf und möchte weiterspielen? Oder hält er inne, schüttelt sich, wendet sich leicht ab, nimmt keinen Kontakt auf oder geht sogar weg? Dann war es wohl zu viel und das Spiel hat eine längere Pause verdient.
Es gilt immer: Zeigt einer der Hunde Stressanzeichen, solltet ihr das Spiel beenden und eine Pause machen. Leint die Hunde an und geht ein Stückchen auseinander. Lasst sie ein wenig rumschnüffeln oder verteilt mit Abstand zueinander Leckerchen am Boden, sodass jeder ganz für sich ein wenig suchen und runterfahren kann. Ihr könnt euch auch, wenn es die Umgebung erlaubt, in etwas Abstand zueinander auf den Boden setzen und die Hunde einfach etwas ausruhen lassen. Nach einer Pause könnt ihr mit den Hunden noch ein wenig miteinander spazierengehen oder ihr geht einfach eurer Wege. Spiel kann Hunde ziemlich erschöpfen. Lasst es lieber zu kurz laufen als zu lang, sodass das Spiel bei eurem Hund in guter Erinnerung bleibt.

Mach ein Rennspiel, um die Stimmung zu verbessern.

Ausreichende Sozialkontakte

Wenn dein Hund ein, zwei vertraute Hundefreunde hat, mit denen er Kontakt hat, ist das für eine artgerechte Haltung schon mehr als ausreichend. Er muss dafür mit diesen Kumpels nicht mal ständig spielen, ganz normaler Kontakt reicht aus. Es gibt auch genügend Hunde, die gar kein Interesse an anderen Hunden haben und für die es völlig ausreicht, wenn sie mit ihrem Menschen spielen. Das Gassi ist nicht dazu da, deinen Hund permanent auf andere Hunde loszulassen, damit er schön müde wird. Beim Gassi darf dein Hund einfach Hund sein. Schnüffeln, gucken, ein klein wenig Action, den Hund einfach machen lassen, ohne ihn ständig zu stören, zu reglementieren oder ihm Beschäftigungen aufzudrängen. Lass deinen Hund einfach Hundedinge machen, klinke dich ab und an mit ein und habt einfach eine gute Zeit.

Wir können nicht wissen, vor was sich Hunde erschrecken.

UNHEIMLICHE BEGEGNUNGEN

Auch das kann beim Gassi passieren: Auf einmal steht dort an der Straßenecke eine Mülltonne, die sonst nicht da war. Plötzlich liegt auf dem Weg eine große Feder, die dein Hund vorher noch nie gesehen hat. Der nette Opa von nebenan tritt auf die Straße und hat einen Hut tief ins Gesicht gezogen.

Was, wenn dein Hund dann plötzlich aus dem Hemd springt? Erst einmal vorweg: Wenn dein Hund grundsätzlich eher ängstlicher Natur ist und sich außerhalb der eigenen vier Wände eher unwohl und gehemmt fühlt, dann macht es Sinn, wenn du eine Trainerin oder einen Trainer zu dir nach Hause bittest. Es gibt so viele Stellschrauben, an denen man da drehen kann: Gesundheit, Ernährung, Tagesablauf, Erziehung. Das Thema ist zu groß für ein kleines Gassi-Buch. Erschrecken kann sich dennoch jeder Hund mal, genauso wie wir. Damit aus dem Erschrecken keine nachhaltige Angst wird und dein Hund sich möglichst schnell wieder beruhigt, kannst du drei einfache Schritte befolgen: Action, Deckung oder Rückzug. Jeder Hund hat einen individuellen Weg, mit einem Schrecken umzugehen. Probier aus, was für deinen Hund am besten passt.

Action

Wenn dein Hund sich erschreckt, dann gerät sein ganzer Körper in Alarmbereitschaft und macht sich fluchtbereit. Das heißt, dass dein Hund jetzt vielleicht erst einmal Bewegung braucht, um seinen Schreck loszuwerden, um danach wieder entspannen zu können.

Für solche Situationen kannst du ein Signal aufbauen. Du kannst zum Beispiel sagen „Los geht's!!" und dann mit deinem Hund hin- und herrennen, kabbeln, spielen. Macht Party! Macht Action! Feuer ihn an! Macht gute Laune! Wenn du merkst, dass sich der Schreck etwas gelöst hat, kannst du ihn wieder runterfahren, indem du zum Beispiel ein paar Leckerchen verstreust. Baue dieses Signal völlig unabhängig von Schrecksituationen auf, einfach so beim Spaziergang, wenn gar nichts los ist. Und wenn es mal erforderlich ist, überträgst du die gute Laune aus dem Signalaufbau auf die Schrecksituationen.

Mit dem Spielen und der Action kannst du auch unauffällig etwas mehr Abstand zum Schreckreiz einnehmen, sodass dein Hund sich nach dem Ende der Spielsequenz nicht mehr so bedroht fühlt und ruhiger bleiben und beobachten kann. Und da sind wir auch schon beim nächsten Punkt.

Deckung

Zeige deinem Hund, dass du ihm Sicherheit gibst. Lade ihn ein, zu dir zu kommen. Nimm Körperkontakt auf, wenn dein Hund das möchte.
Du kannst zum Beispiel in die Hocke gehen und deinen Hund vor dir sitzen lassen, wenn er das möchte. Du kannst deinen Hund auch auf den Arm nehmen, wenn ihm das hilft. Zwinge ihn nicht dazu! Das ist ein Angebot, das dein Hund annehmen kann, aber nicht muss! Aus dieser sicheren Position heraus, kann dein Hund das, was ihn erschreckt hat, erst einmal in Ruhe anschauen. Lass ihn beobachten, wenn er das möchte. Lass ihn die Situation in Ruhe einschätzen. Auch hier kannst du für solche Situationen extra ein Signal aufbauen.
Du könntest zum Beispiel „Hier ists sicher" sagen, bevor du dich hinter deinen Hund hockst und ihn hältst oder ihn auf den Arm nimmst. Übe auch das in Momenten, in denen sich dein Hund total wohlfühlt und probier mal aus, was er am liebsten mag.

Rückzug

Wenn dein Hund sich so arg erschreckt hat, dass er weder Action noch Deckung annehmen kann, brauchst du mehr Abstand zum Schreckreiz. Mehr Distanz sorgt dafür, dass dein Hund sich nicht mehr so bedroht fühlt und er wieder rational denken kann. Sorge für einen geordneten Rückzug. Zieht dein Hund weg vom Schreckreiz, geh mit. Rede ruhig und freundlich mit ihm und entferne dich für ein paar Meter. Versuch dann, ob dein Hund jetzt empfänglich ist für Action oder Deckung. Wenn nicht, entferne dich weiter. Renn aber nicht einfach weg, sondern probiere immer wieder aus, ob dein Hund so viel Abstand eingenommen hat, dass er mit deiner Hilfe mal durchatmen kann. Bleib dann in dieser Entfernung stehen, lade ihn zu einem Futter-Suchspiel ein, streichele ihn, wenn er das möchte, macht Dinge, die entspannend wirken. Geh erst weiter Gassi, wenn du merkst, dass dein Hund wieder ansprechbar und ruhiger ist.
Jetzt bist du für dein Gassi schon gut gewappnet! Fehlen nur noch ein paar nützliche Signale, die dir in Situationen, die immer wieder auftauchen können, ein wenig helfen.

„WENN DU DEINEN HUND TRÖSTEST, VERGRÖSSERST DU DIE ANGST!"

Das stimmt nicht. Wenn dein Hund Angst hat und du tust etwas, damit dein Hund sich besser fühlt, dann hat er weniger Angst und nicht mehr. Tu also alles, was deinem Hund ganz individuell hilft, sich wieder besser zu fühlen: Rede zum Beispiel mit ihm, streichele ihn, gib ihm Körperkontakt, wenn er das möchte.

Aber Achtung: Achte darauf, dass du nichts tust, bei dem dein Hund sich unwohl fühlt. Wirst du hektisch oder umarmst deinen Hund, obwohl er das nicht mag, fühlt er sich natürlich schlechter und nicht besser. Alles ist erlaubt, was deinem Hund hilft.

Deine Nähe gibt deinem Hund Sicherheit.

NÜTZLICHE GASSI-SIGNALE

Signale, die dein Hund kennen sollte

In diesem letzten Kapitel stelle ich dir noch ein paar nützliche Signale vor, die du beim Gassi immer wieder mal gebrauchen kannst. Sie dienen vor allem der Sicherheit von dir und deinem Hund.

AUTO-AUSSTIEG: „HOPP"

Wenn du mit dem Auto zum Startpunkt fährst und dein Hund dort wie der Korken aus der Sektflasche aus dem Auto knallt, möchtest du vielleicht lieber einen Hund haben, der ruhig warten und aussteigen kann. Zum einen natürlich aus Sicherheitsgründen. Wenn dein Hund unkontrolliert aus dem Auto springt, kann das für ihn echt gefährlich werden. Der Hund einer Kursteilnehmerin ist in der Münchner Innenstadt ungesichert aus dem Auto gesprungen und direkt von einem anderen Auto angefahren worden. Kann dein Hund im Auto warten, zügelt das außerdem auch seine Aufregung, er wird ansprechbarer vor dem Gassi und lässt sich von dir auch nach dem Aussteigen leichter lenken. Es lohnt sich also, in den Auto-Ausstieg ein wenig Übungszeit zu investieren.

FINGERTOUCH: „HAND"

Dein Hund lernt, deiner Hand zu folgen. Du zeigst ihm mit einem Fingerzeig oder der flachen Hand, in welcher Richtung es weitergeht. So kannst du ihm schnell und unkompliziert zeigen, wohin er sich bewegen soll. Das ist sehr nützlich, wenn zum Beispiel plötzlich Menschen zu Fuß, auf dem Fahrrad oder im Auto auftauchen. Mit dem Fingertouch kannst du deinen Hund schnell und unkompliziert an den Straßenrand bugsieren, und das völlig ohne dass du ihn genervt mit der Leine an den Wegrand ziehen musst, damit er nicht überfahren wird.

LEINE ENTHEDDERN: „ANDERSRUM"

Dein Hund kann lernen, sich in die von dir vorgegebene Richtung um einen Baum, einen Pfahl oder eine Wegbegrenzung herum zu bewegen. Falls dein Hund sich mal mitsamt Schleppleine um einen Baum wickelt, weißt du dieses Signal zu schätzen.

INSEL-SIGNALE: ENTSPANNUNG UND ACTION

Erschaffe auf deinem Spaziergang kleine Inseln. Das sind Orte auf deinen gewohnten Wegen, an denen du mit deinem Hund immer dasselbe tust. Entweder entspannt ihr gemeinsam oder ihr dreht so richtig auf und lasst es mal so richtig

WICHTIG

Denke daran, dem Hund nicht ständig Signale zu geben, er möchte einfach gerne nur Hund sein.

Der Fingertouch ist ein sehr nützliches Signal.

krachen. Wenn du beim Gassi immer mal wieder dieselben Orte aufsuchst und diese entweder mit Entspannung oder mit Action verknüpfst, gibst du deinem Spaziergang Struktur und deinem Hund Erwartungssicherheit. Das kannst du wunderbar nutzen. Wenn dein Hund sehr aufgeregt ist, zum Beispiel nach einer Wild- oder Hundebegegnung, hilft ihm ein Entspannungsort, wieder ansprechbarer zu werden. Will dein Hund mal so richtig aufdrehen, lernt er, damit bis zur Action-Insel zu warten, denn gespielt werden kann ja nicht unbedingt überall auf deinem Spazierweg.

Und eine Sache gibt es noch, die ich dir beim Spaziergang unbedingt ans Herz legen möchte: Einfach mal keine Signale geben. Lass deinen Hund die meiste Zeit über einfach nur Hund sein. Ohne Übungen, ohne ständiges Anleiten, einfach nur gemeinsam durch die Gegend streunen. Dabei darf dein Hund auch gerne mal den Weg bestimmen. Lass dich überraschen, wo das hinführt. Manchmal tun die Hunde Dinge, mit denen wir überhaupt nicht rechnen. Probier es aus, denn das macht richtig Spaß! Wer weiß, was dein Hund für Vorlieben hat!

Nur auf Signal aus dem Auto springen

Wenn du einen Hund hast, der es kaum erwarten kann, dass es mit dem Gassi losgeht, kann es sein, dass er, sobald du die Autotür, die Tür der Autobox, die Seitentür oder den Kofferraum einen kleinen Schlitz öffnest, sich gleich an dir vorbeiquetschen möchte.

Das ist verständlich, kann aber gefährlich sein. Außerdem ist es sehr unangenehm, wenn der Bollerkopp schon durch die Auto- oder Boxentür drängt, obwohl du die Tür noch in der Hand hast.
Wie du deinen Hund aussteigen lässt, hängt davon ab, wie hoch die Ladekante deines Autos ist, wie schwer dein Hund ist oder ob er körperliche Beeinträchtigungen hat. Manche Hunde können einfach rausspringen, manchen Hunden hilft es, wenn du mit einem Griff am Rückensteg des Geschirrs den Aufprall am Boden etwas bremst und manche Hunde müssen aus dem Auto gehoben werden. Egal wie: Dein Hund sollte erst einmal im Auto warten, bis du dich umgeschaut hast und sicher bist, dass dein Hund in Ruhe aussteigen kann. Ich persönlich rate davon ab, dem Hund das Warten im Auto so beizubringen, dass du die Tür vor der Nase deines Hundes immer wieder schließt oder die Tür deinem Hund sogar vor den Kopf donnerst, bis dein Hund resigniert aufgibt. Das sorgt nur für Frust und die Aufregung zu Beginn des Spaziergangs geht dadurch ja nicht einfach so weg. Das kann dazu führen, dass dein Hund vielleicht anfängt, laut zu bellen oder sich nach dem Aussteigen aus dem Auto erstmal von dir entfernt. Ich habe das mit dem Schließen der Tür früher oft empfohlen, habe aber irgendwann gemerkt, dass ein kleinschrittiges Training weit vielversprechender ist und der Hund dabei sehr gerne mitarbeitet.

WICHTIG

Beginne mit dem Training zuerst dort, wo der Hund noch nicht so aufgeregt und damit aufnahmefähiger für dein Training ist: Auf der heimischen Auffahrt.

1

1. Erst einmal abwarten

2. Mit Leckerchen belohnst du das Warten.

2

WICHTIG

Gib erst ein Wortsignal, wie zum Beispiel „Aussteigen", und lass ihn erst aussteigen, nachdem du ihm dieses Signal gegeben hast.

WARTEN BELOHNEN

Zunächst verhinderst du, dass dein Hund einfach aus dem Auto springen kann. Je nachdem, wie dein Hund transportiert wird, kannst du ihn entweder an der Rückbank anschnallen oder die Transportbox zunächst geschlossen halten.

Jetzt brauchst du extrem gute Leckerchen. Du öffnest deinen Wagen und gibst deinem Hund ein Wortsignal, zum Beispiel „Warte". Nachdem du das Wort gesagt hast, verfütterst du im Auto 5–10 Leckerchen. Eins nach dem anderen. Dein Hund soll lernen, dass er nach dem „Warte" eine Belohnung im Auto erhält. Schließe danach kurz die Autotür wieder, öffne sie und wiederhole die Übung. Da dein Hund sich ja auf der heimischen Auffahrt befindet, ist der Drang, aus dem Auto zu springen, nicht so groß und du kannst die Tür in Ruhe öffnen und schließen, ohne dass dir dein Hund entgegenzufliegen versucht. Wiederhole die „Warte"-Übung mit dem verfütterten Leckerchen einige Male. Danach beendest du das Training, indem du deinen Hund schon im Auto an deine Leine nimmst und ihn auf Signal aussteigen lässt bzw. ihn aus dem Auto hebst.

Entschleunigen

Nach dem Aussteigen verteilst du ein paar Leckerchen vor dem Auto am Boden. Achte darauf, dass du die Leckerchen erst verteilst, wenn dein Hund schon aus dem Auto gesprungen ist. Ansonsten bestünde die Gefahr, dass er sich von oben hektisch und unvorsichtig auf die Leckerchen stürzt und dadurch nicht sicher aus dem Auto steigt. Verteile die Leckerchen dort am Boden, wo dein Hund dir genügend Platz lassen kann, um das Auto zu schließen. Während dein Hund seine Leckerchen sucht, kannst du in Ruhe die Autotüren schließen und das Auto abschließen. Diesen Schritt empfehle ich bei jedem Spaziergang, da das Leckerchensuchen am Boden die erste Aufregung beim Spaziergang etwas abfängt und den Hund ansprechbarer werden lässt.

Übe diesen ersten Schritt immer mal wieder, bis du merkst, dass dein Hund nach deinem „Warte“-Signal nicht mehr versucht, möglichst schnell aus dem Auto zu kommen, weil er im Auto seine Belohnung erwartet. Wenn dein Hund extrem aufgeregt ist, kann dieser Schritt auch einige Tage dauern.

Mit Leckerchen entschleunigst du.

Kleinschrittig trainieren

Wartet dein Hund nach deinem „Warte"-Signal schon geduldig auf seine Belohnung, folgt der nächste Schritt: Du gibst das „Warte"-Signal und verfütterst das erste Leckerchen an deinen Hund. Danach greifst du entweder an die Boxentür oder hältst deine Hand in Richtung Anschnall-Karabiner, um den Hund abzuschnallen. Nach jeder Bewegung erhält dein Hund eine Belohnung. Wenn du eine Autobox verwendest: Dein Hund erhält eine Belohnung für das Greifen an die Boxentür, für das Öffnen des Schlosses, für das leichte Öffnen der Tür, für das weite Öffnen der Tür. Wenn dein Hund im Auto angeschnallt ist: Dein Hund erhält eine Belohnung für dein Hineinbeugen ins Auto, für deine Hand am Karabiner, für das Geräusch, das

1

2

1. Sorge für Ablenkungen.

2. Aussteigen erst auf Signal

der Karabiner beim Öffnen macht und ganz besonders gute Leckerchen, wenn du deinen Hund abschnallst, ohne dass er gleich losstürmt.
Übe das so lange, bis du die Boxentür vollständig öffnen oder den Anschnall-Karabiner mehrfach öffnen und schließen kannst, ohne dass dein Hund versucht, aus dem Auto zu springen.
Klappt das, kommst du zum nächsten Schritt: Du bewegst dich vor der geöffneten Auto- bzw. Boxentür ein wenig hin und her.
Und so geht das: Du sagst „Warte“, gibst deinem Hund das erste Leckerchen und bewegst dich dann einen kleinen Schritt nach rechts oder nach links oder drehst deinem Hund kurz den Rücken zu, während er noch im Auto wartet. Du kannst dabei auch ein Spielzeug in die Hand nehmen und deinen Hund damit ablenken. Nach jeder Bewegung wird er für das Warten belohnt. Übe das so lange, bis du einmal um dein Auto herumgehen kannst, ohne dass dein Hund versucht, aus dem Auto zu springen. Schafft er das, wird er natürlich außerordentlich gut belohnt.
Kann dein Hund auch unter Ablenkung noch ruhig warten, übst du deinen Ablauf, wie er auch beim Spaziergang später sein wird. Du setzt deinen Hund (immer noch auf der heimischen Auffahrt) ins Auto, schließt die Autotür und öffnest sie danach wieder. Gib dein „Warte“-Signal. Danach leinst du deinen Hund an und gibst ihm im Auto noch ein, zwei Leckerchen. Kann er ruhig warten, gibst du dein „Aussteigen“-Signal und lässt deinen Hund aussteigen. Verteile etwas Futter am Boden, schließe dein Auto und gehe dann von daheim aus eine kleine Runde mit deinem Hund spazieren.

Nach dem Üben könnt ihr eine schöne Gassirunde unternehmen.

EINZELNE SCHRITTE ÜBEN

Funktioniert das alles auf der heimischen Auffahrt, übst du die einzelnen Schritte auf deiner Gassistrecke. Es kann sein, dass du dort die ersten Schritte noch einmal öfter wiederholen musst, weil dein Hund nun aufgeregter ist. Das ist normal. Gehe einfach die einzelnen Übungsschritte von Anfang an noch einmal durch und nimm dir Zeit. Ist deine übliche Gassistrecke mit zu viel Aufregung verbunden, sodass dein Hund sich nach dem Parken überhaupt nicht beherrschen kann, kannst du zunächst auch an anderen Orten üben, die mit nicht so viel Aufregung verknüpft sind, und erst einmal dort üben.

FINGERTOUCH ÜBEN

Es dauert nicht lange, bis dein Hund begriffen hat, was er tun soll.

Fingertouch „Hand“

Stell dir mal vor, dein Hund könnte sich einfach dorthin bewegen, wo du mit deinen Fingern hindeutest. Ohne dass du ihn an der Leine zerren oder erst hektisch nach einem Leckerchen suchen musst, um ihn zu locken.

Diese Fähigkeit ist in so vielen Fällen extrem nützlich: Wenn dir zum Beispiel ein Fahrrad entgegenkommt und du deinen Hund ganz schnell von links nach rechts bugsieren musst. Oder wenn du an Menschen vorbeigehst und dein Hund denen gerade mal nicht „Hallo“ sagen soll. Oder wenn du deinen Hund um ein Hindernis herumleiten möchtest.
Um das zu ermöglichen, bringst du deinem Hund bei, deine Hand mit seiner Nase anzustupsen und dieser Hand dann zu folgen. Du brauchst lediglich deine Hand und Leckerchen.

UND SO GEHT'S

Klemme ein Leckerchen zwischen den ausgestreckten Zeige- und Mittelfinger und forme deine Hand zu einer Pistole. Manchen Menschen fällt es leichter, dem Hund die flache Hand mit dem Leckerchen zu präsentieren statt die Hände zu einer Pistole zu formen. Das birgt das Problem, dass die Hunde das Signal mit der flachen Hand oft mit dem „Platz“-Signal verwechseln und sich dann hinlegen statt die Hand anzustupsen. Daher empfehle ich, die „Pistole“ mit dem Fingern zu formen.
Präsentiere deinem Hund die ausgestreckten Finger so, dass er einen Schritt darauf zu machen muss, um das Leckerchen fressen zu können. Achte darauf, dass der Hund sich zur Hand bewegt und nicht die Hand zum Hund. Würdest du deinem Hund die Finger mit dem Leckerchen in Richtung Gesicht schieben, könnte es sein, dass dein

WICHTIG

Biete das Leckerchen an, aber schiebe es deinem Hund nicht ins Maul, damit er auf deine Hand zugeht und nicht zurückweicht. Halte deine Hand einfach ganz ruhig, während dein Hund frisst.

Jetzt geht es auch ohne Leckerchen in der Hand.

Hund eher rückwärts geht, statt sich zu deinen Fingern hin zu bewegen. Daher: Finger mit Leckerchen präsentieren und ruhighalten, sodass der Hund sich in seinem Tempo annähern und das Leckerchen fressen kann, ohne dass du es ihm in den Mund schiebst. Klappt das, kannst du sofort ein Signal einführen.

Gib das Signal „Hand" (oder „Touch" oder was auch immer du sagen möchtest) und zeige deinem Hund, nachdem du ausgeredet hast, wieder deine ausgestreckten Finger. Sobald seine Nase deine Finger berührt, lobst du ihn und lässt ihn das Leckerchen fressen. Wiederhole das einige Male, sodass dein Hund lernt: „Höre ich das Hand-Signal, steckt da ein Leckerchen zwischen den Fingern." Wenn dein Hund nach deinem Signal ohne zu zögern auf deine Hand zuläuft und das Leckerchen frisst, gehst du zum nächsten Schritt über.

OHNE LECKERCHEN ZWISCHEN DEN FINGERN

Gib dein „Hand"-Signal, halte deinem Hund wieder deine Finger hin, warte, bis er auf deine Hand zuläuft und nach dem Leckerchen sucht. Sobald seine Nase deine Finger berührt, lobst du ihn. Gib ihm dann sofort ein Leckerchen mit derselben Hand. Achte hier stark auf dein Timing. Erwische wirklich genau den Moment, in dem dein Hund mit der Nase deine Finger berührt. Wiederhole auch das einige Male. Dein Hund lernt: „Finger anstupsen lohnt sich, auch wenn da kein Leckerchen steckt."

Sollte dein Hund ein Schlaubi-Schlumpf sein und ohne ein Leckerchen nicht an deine Finger stupsen, checke erst einmal, ob du deine Hand mit Leckerchen drin anders hältst als ohne Leckerchen. So etwas kann Hunde durchaus verwirren. Wenn du deine Handhaltung angleichst, checkt dein Hund nicht so schnell, dass kein Leckerchen drinsteckt.

Ein anderer Weg, um das Leckerchen auszuschleichen, ist, das Leckerchen immer kleiner werden zu lassen. Nimm dafür Leckerchen her, die du problemlos kleinschneiden und zerteilen kannst. Also zum Beispiel Käsestücke oder halbierte Wurstabschnitte oder Kaustreifen. Anfangs nimmst du noch ein recht großes Leckerchen in die Hand und schneidest mit jeder Wiederholung ein Stückchen ab, sodass es immer kleiner wird. Auch das kann deinem Hund helfen, deine Finger anzustupsen, ohne dass du ein Lecker-

chen in die Hand nehmen musst. Jetzt ist es Zeit für Variationen. Halte deine Hand mal etwas höher, mal etwas niedriger, mal etwas näher dran am Hund, mal etwas weiter weg. Belohne ihn jedes Mal, wenn er deine Finger anstößt. Steigere langsam, sodass dein Hund, wenn du „Hand“ sagst, auch über längere Strecken genau dorthin gelaufen kommt, wo du deine Finger hinhältst.
Funktioniert mal eine Wiederholung nicht so gut, mach die Übung wieder etwas leichter und setze dort wieder an, wo dein Hund das „Hand“-Signal noch gut befolgen konnte. Baue von da aus die Übung weiter aus, bis dein Hund die Finger anstupst, egal, wo du sie hinhältst oder wie weit sie vom Hund entfernt sind. Das funktioniert? Perfekt!

DEN FINGERN FOLGEN

Jetzt ist es an der Zeit, dass dein Hund deine Finger nicht nur berührt, sondern den ausgestreckten Fingern folgt, während du sie bewegst. Er stupst sie also nicht nur kurz an, sondern geht deinen Fingern hinterher, wenn du sie von ihm wegbewegst. Damit kannst du deinen Hund in Zukunft ganz prima lenken, ohne die Leine nutzen zu müssen.
Gib das Signal „Hand“. Aber strecke deinem Hund die Finger nicht mehr nur hin und lasse sie berühren, sondern zieh deine Hand nach dem Stups ein paar wenige Zentimeter von der Hundenase weg. Dein Hund muss also ein, zwei Schritte mehr machen, um die Finger wieder zu erreichen. Geht dein Hund den Fingern hinterher, lobst du ihn für die Extra-Schritte. Stupst er dann die Hand nochmal an, belohnst du das.
Folgt er deinen Fingern, steigerst du ganz kleinschrittig: Übe mit Kurven, übe längere Strecken, übe mit Ablenkungen. So führst du deinen Hund irgendwann mit dem Signal „Hand“ und einer kleinen Bewegung deiner Finger auch aus schwierigen Situationen heraus.

Der Hund hat gelernt, auf ein Signal den Fingern zu folgen.

Leine entheddern: „Andersrum“

Du kennst diese Situation bestimmt. Dein Hund wickelt sich samt Leine um einen Baum und du rennst hin, um dich oder deinen Hund mit vollem Körpereinsatz um den Baum zu manövrieren, um die Leine wieder zu entheddern.

1

Freu dich: Diese Zeiten sind nun vorbei. Jetzt bringst du deinem Hund bei, auf deine Signale hin den Baum in die von dir angegebene Richtung zu umrunden, sodass dein Hund die Leine mit deiner Hilfe entheddert. Gut ist, wenn er dafür das Signal „Hand“ schon kennt und weiß, dass es sich lohnt, auf die Bewegungen deiner Hand zu achten. Du kannst das Signal aber auch aufbauen, ohne dass dein Hund das „Hand“-Signal beherrscht.

UND SO GEHT'S

Du übst einfach „on the go“. Sollte sich dein Hund beim nächsten Mal um einen Baum wickeln, gibst du ein Zurückwickel-Signal. Du kannst zum Beispiel „Andersrum“ sagen. Nachdem du das Signal gegeben hast, nimmst du ein Leckerchen in deine flache Hand. Zeige deinem Hund das Leckerchen und gib ihm mit der Hand die Richtung vor, in die er sich bewegen muss, um die Leine zu entwirren. Oder du nutzt einfach dein „Hand“-Signal und zeigst deinem Hund auf diese Weise, wohin er gehen muss, um die Leine wieder spaziergehfähig zu entwickeln. Es kann sein, dass du in der Anfangszeit dafür nah an deinen Hund herangehen und sehr geduldig deinen Hund immer wieder in die richtige Richtung locken musst. Mit der Zeit kannst du dich aber immer weiter von deinem Hund entfernen. Mit dem Hand-Signal ist das leichter, denn dabei hat dein Hund schon gelernt, sich auch auf Distanz in die richtige Richtung führen zu lassen. Folgt dein Hund deinem Lock-Leckerchen um den Baum herum, wirfst du das Leckerli in seine Laufrichtung. Gib es ihm nicht aus der Hand, sodass dein Hund lernt, sich nicht nur auf dich zu fokussieren, sondern nur auf die Richtung, die deine Hand vorgibt. Das macht es spä-

ter etwas leichter, wenn du mehr Distanz halten möchtest, damit du nicht durchs Unterholz krauchen musst, um die Leine zu entheddern. Wiederhole dieses Prozedere jedes Mal, wenn dein Hund sich um einen Baum wickelt. Dein Signal „Andersrum" gibt vor, dass du als Nächstes mit deiner Hand die Richtung vorgibst, in die sich dein Hund bewegen soll und dass dann ein Leckerchen fliegt.
Du erkennst, dass dein Hund dein Signal verstanden hat, wenn er nach dem „Andersrum" schon nach deiner Hand schaut und sich dann in die Richtung bewegt, in die du deine Hand bewegst.
Funktioniert das, kannst du immer mehr Abstand zu deinem Hund aufbauen und mit steigendem Abstand auch das Leckerchen in der flachen Hand weglassen und es nur noch am Ende des Enthedderns zur Belohnung werfen.

2

1. Zeige deinem Hund die richtige Richtung.
2. Der Hund schaut nach der Hand und weiß dann, in welche Richtung er gehen soll.

ABWECHSLUNG MACHT SPASS

Neben Action auch mal entspannen, so wird das Gassi für beide Seiten zu einem tollen Erlebnis.

Insel-Signale: Entspannung und Action

Wenn du altbewährte Gassistrecken gehst, hast du sicher schon mal festgestellt, dass dein Hund und du an bestimmten Stellen immer gleich reagiert. Das nennt man „Erwartungshaltung".

Wenn ihr immer auf der Wiese vor dem Wald ein Zerrspiel macht oder mit dem Ball spielt, wird dein Hund kurz vorher schon etwas hibbelig und freut sich. Wenn ihr ab und zu an einer bestimmten Ecke den Erzfeind trefft, werden du und dein Hund kurz vorher schon etwas nervös. Ihr habt die Erwartung, dass etwas Bestimmtes passiert. Diese Erwartungshaltung kannst du dir beim Spaziergang zunutze machen. Zum Beispiel für den Fall, dass deinen Hund etwas erschreckt. Dann läufst du mit ihm zu dem Ort, an dem ihr immer sehr viel Freude miteinander habt, zum Beispiel auf die Wiese, auf der ihr immer gemeinsam spielt und rennt. Schon auf dem Weg dahin sorgt die Erwartungshaltung dafür, dass dein Hund neben seinem Schrecken schon ein klein wenig Vorfreude empfindet und das dämpft die Angst. Dort angekommen fühlt er sich sicherer, weil er mit dem Ort großen Spaß verknüpft und du ihm auch jetzt wieder ein Spiel anbietest. Es kann sein, dass er sich nicht so entspannt auf das Spiel einlassen kann wie sonst, aber die sonst an dieser Stelle empfundene Freude hilft, Angstgefühle etwas zu lindern. Und auch umgekehrt können dir

Der Hund ist in Erwartungshaltung, wenn an einem bestimmten Ort immer etwas Spannendes geschieht.

Orte auf dem Spaziergang helfen. Wenn dein Hund an einem Tag sichtlich überdreht ist, kann ihm ein Ort helfen, an dem du sonst immer entspannst. An dem du mit deinem Hund regelmäßig Leckerchen-Suchspiele veranstaltest oder wo eine Bank steht, von der aus ihr immer ein wenig ins Land schaut und kuschelt. Wenn du bemerkst, dass dein Hund hibbelig ist, suchst du nach einer kleinen Action-Einheit gezielt die Entspannungsinsel auf dem Spaziergang auf. Selbst wenn dein Hund sich nicht so tief entspannen kann wie sonst, hilft ihm die Verknüpfung mit diesem Ort dennoch, ein wenig runterzufahren.
Suche dir auf deinen Stamm-Gassistrecken geeignete Orte. Diese Orte sollten nicht mittendrin im Geschehen liegen, sondern so, dass ihr nicht dauernd von anderen Menschen oder Hunden gestört werdet. Das können zum Beispiel gut einsehbare Stellen im Park sein, einsame Bänke,

Entspannt gemeinsam

Wiesenstücke, größere Wegkreuzungen, größere, etwas abgelegenere Plätze in der Stadt. Was auch immer dir und deinem Hund angenehm ist. Wähle die Anzahl und den Abstand der Inseln so, dass es zu eurem Spaziergang passt. Beginne zunächst mit einer oder zwei Inseln. Wenn du merkst, dass euch das Prinzip Spaß macht, kannst du weitere Inseln dazunehmen.
Jedes Mal, wenn du an diesem Ort ankommst, machst du deinem Hund ein Angebot: entweder für ein Action-Spiel oder für eine ruhige Umwelterkundung/Entspannung. Achte darauf, dass du bei jedem Spaziergang immer dieselbe Art Angebot machst. Du musst nicht immer ein Zerrspiel an einem Action-Ort anbieten, aber es sollte schon immer Action sein, also zum Beispiel mal ein Rennspiel, mal ein Zerrspiel, mal ein Ballspiel. An einem Entspannungsort kannst du zum Beispiel Leckerchen verstreuen, ein Auspackspiel anbieten (z. B. Leckerchen in eine Zeitung einknüllen), deinen Hund massieren oder einfach nur gemeinsam kuscheln.
Solltest du bemerken, dass dein Hund auf die angebotene Aktivität keine Lust hat, biete etwas anderes an. Wichtig ist, dass du dabei konsequent bleibst. Dein Hund soll sich darauf verlassen können, dass immer eine bestimmte Aktion/Entspannung an einer bestimmten Stelle passiert, damit er eine Erwartungssicherheit aufbauen kann.
So schafft ihr auf Dauer eine Gassistruktur, die deinem Hund nicht nur Erwartungssicherheit gibt, sondern schlicht und einfach Spaß macht. Das heißt nicht, dass du dich an diese Struktur den Rest eures Lebens sklavisch halten musst. Es kann sein, dass sich im Laufe der Zeit eine etwas andere Routine einschleicht. Überprüfe von Zeit zu Zeit mal eure Inseln: Sind die noch genauso sinnvoll platziert wie bisher oder ist es Zeit für eine Anpassung? Wenn ja: Einfach anpassen. So ein Inselspaziergang soll Freude machen und kein starres Korsett sein.

Suche dir einen geeigneten Ort für die Entspannung.

LASS DEINEN HUND BESTIMMEN

Einfach mal gar keine Signale geben. Die meisten Menschen üben sehr gerne mit ihrem Hund und der Hund macht gerne mit. Das ist gemeinsam verbrachte Zeit, die Spaß macht und zusammenschweißt. Doch auch wenn ihr viel Spaß miteinander habt, ist Training etwas, bei dem ihr euch beide konzentrieren müsst, und Konzentration lässt sich nur für einen begrenzten Zeitraum aufrechterhalten. Der größte Teil deines Spaziergangs darf daher einfach aus Nichtstun bestehen. Einfach in die Gegend schauen, die Luft genießen, rumschlendern. Und wenn du dabei Lust auf ein Miniabenteuer hast, lass doch einfach mal deinen Hund den Weg bestimmen! Lass deinen Hund vorgehen. Wenn er an einer Kreuzung nach rechts abbiegen möchte, dann geh einfach mit. Will er vom Weg abbiegen und quer über die Wiese laufen, dann lass ihn. Möchte er eine Ecke ganz genau erkunden, bekommt er jetzt die Gelegenheit dazu. Natürlich hat das Prinzip seine Grenzen. Will dein Hund einfach über die Straße laufen, hältst du ihn natürlich zurück und gehst erst dann, wenn es sicher ist. Will er im Unterholz verschwinden, musst du nicht unbedingt hinterherkriechen, sondern kannst mit ihm auf dem Weg bleiben und ihn dort mit in den Wald begleiten, wo ihr weder euch noch Wild gefährdet. So weit es aber möglich ist, lässt du deinen Hund einfach mal den Bestimmer sein. Etwas selbstwirksam bestimmen zu können, macht glücklich und selbstsicher.
Dein Hund hat vielleicht ganz andere Vorlieben als du. Lass dich mal darauf ein! Vielleicht überrascht dich dein Hund. Ich habe mal einen Hund erlebt, der zielsicher ein nie vorher besuchtes Gewerbegebiet angesteuert hat und dort ganz selbstverständlich in den Baumarkt abgebogen ist. Im Baumarkt hat er eine Runde gedreht, ist wieder rausgegangen und hat sich dann wieder auf den Heimweg gemacht. Als hätte er nie etwas anderes getan. Dieser Spaziergang entsprach überhaupt nicht den Vorlieben seines naturverbundenen Frauchens, aber es war für beide ein großer Spaß.
Lass dich überraschen. Du kannst ja immer noch abbrechen, falls dir das Ganze zu abenteuerlich wird. Hab keine Angst, dass dein Hund dich damit dominieren könnte. Das ist veralteter Quatsch. Lass deinem Hund mal die Wahl. Die Wahl zu haben, macht glücklich und selbstsicher.

Manchmal weiß man nicht, wohin es einen verschlägt.

1

1. Lass deinen Hund einfach Hund sein!

2. Und das ist das Wichtigste beim Gassi: Glücklich sein, Spaß haben.

2

ZURÜCK VON DER RUNDE

Jetzt schnell sauber machen und dann viel Ruhe, um die Eindrücke zu verarbeiten!

Nach dem Gassi

Jetzt habt ihr eine schöne Runde gedreht und kommt nach Hause. Am liebsten möchtest du jetzt genüsslich und in Ruhe eine Tasse Kaffee trinken, während sich dein Hund gelassen und glücklich auf sein Kissen flackt. Wenn das genau so abläuft: Spitze! Alles richtig gemacht!

Es könnte aber auch sein, dass dein Hund nach einer Stunde Gassi zu Hause erst einmal völlig hochdreht und seine fünf Minuten kriegt. Dann geht er über Tische und Bänke, springt an dir hoch, bringt Spielzeug, kriegt einen Rennflash, was auch immer. Und du denkst: „Das Gassi war wohl nicht lang genug. Mein Hund ist ja gar nicht ausgelastet." Oft ist allerdings genau das Gegenteil der Fall. Der Spaziergang war für deinen Hund vielleicht so aufregend, dass er immer noch völlig überdreht ist und absolut nicht zur Ruhe kommen kann.

Sollte das der Fall sein, ist das ein Grund, dein Gassi beim nächsten Mal etwas anders zu planen:

Verkürze die Gassi-Zeit. Vielleicht sind zwei Stunden einfach zu viel.

Suche eine ruhigere Strecke mit weniger aufregenden Reizen.

Laufe keinen Rundweg, sondern lieber einen Hin- und einen Rückweg, damit dein Hund auf dem Rückweg nicht mehr so viel Neues erfährt, sondern schon ein wenig runterfahren kann.

Bau mehr Entspannungsphasen (wie zum Beispiel Entspannungsinseln) in deinen Spaziergang ein.

Das heißt nicht, dass du niemals aufregende Spaziergänge machen sollst. Es bedeutet nur, dass dein Hund, sollte er nach dem Gassi regelmäßig hochdrehen, etwas mehr Balance zwischen Aufregung und Entspannung gebrauchen könnte.

Nach dem Gassi darf Entspannung sein.

Ein Nach-dem-Gassi-Ritual kann helfen, noch vorhandene Aufregung schneller und nachhaltiger zu verarbeiten und zur Ruhe zu kommen. Ein Ritual kann zum Beispiel so aussehen: Hund säubern. Achte hier schon darauf, dass das Saubermachen auch für deinen Hund angenehm ist. Manche Hunde mögen es, im Sommer mit einem Gartenschlauch und kaltem Wasser abgespült zu werden. Andere Hunde finden es angenehmer, wenn sie (vor allem im Winter) mit einem Handtuch abgerubbelt werden, das vorher in lauwarmes Wasser getunkt wurde. Wenn du ein wenig auf die Vorlieben deines Hundes achtest, wird das Saubermachen viel einfacher, weil dein Hund freiwillig mitmacht.
Kauzeugs zum Runterfahren. Wenn du deinem Hund direkt nach dem Gassi eine kleine Beschäftigung gibst, kommt er schneller zur Ruhe. Das kann ein kleiner Kauartikel sein, ein gefüllter Kong, eine Schleckmatte. Es ist praktisch, wenn das Kauzeugs nach dem Gassi direkt zum Beispiel im Hausflur bereitliegt.
Dich selbst sortieren. Während dein Hund beschäftigt ist, hast du genügend Zeit und Ruhe, dich aus- oder umzuziehen und deinen weiteren Tag zu planen. Vielleicht hast du noch Zeit für eine kleine Tasse Kaffee oder Tee? Genieße sie und schaue deinem Hund dabei zu, wie er auf dem Kauzeugs herumknurspelt. Es gibt kaum etwas Entspannenderes.

SCHLUSSGEDANKEN

Und? Hast du aus diesem Buch etwas für dich und deinen Hund mitnehmen können? Vielleicht ein, zwei Anregungen für ein entspannteres Gassi? Oder hast du neue Ideen für Übungen, die euch beim Spazierengehen unterstützen können? Wer hätte gedacht, dass es sich lohnt, sich über so etwas Banales wie einen Hundespaziergang Gedanken zu machen! Viel Spaß dabei!

1

2

1. Ein Handtuch ist für viele Hunde angenehmer als ein Schlauch.

2. Kauen entspannt

Ein entspanntes, fröhliches und rundum gelungenes Gassi
versorgt dich und deinen Hund für den Rest des Tages mit guter Laune.

SERVICE

ZM WEITERLESEN

Carolin Hoffmann: **Was braucht mein Hund?** Die wichtigsten Fragen und Antworten rund um den Alltag mit Hund; KOSMOS 2022

Carolin Hoffmann: **Die Macht der Körpersprache;** Mit Hunden positiv kommunizieren; KOSMOS 2024

Sonja Meiburg: **Lass das! Hunden freundlich Grenzen setzen;** KOSMOS 2021

Sonja Meiburg: **Raketenstart Rückruf;** Der erfolgreiche Weg zum sicheren Abruf; KOSMOS 2022

Sonja Meiburg: **Welpenschule; So gelingt dein Einstieg;** KOSMOS 2023

Ulrike Seumel: **Markertraining für Hunde;** Auf Augenhöhe zum glücklichen und kooperativen Hund; KOSMOS 2020

ZM WEITERKLICKEN

Hey-fiffi.com
Online-Hundetraining

Sprichhund.de
Körpersprache beim Hund lernen

Ibh-hundeschulen.org
Internationaler Berufsverband der Hundetrainer:innen und Hundeunternehmer:innen (IBH) e.V.

trainieren-statt-dominieren.de
Gemeinschaft von Menschen mit Hund, die sich grundsätzlich zu gewaltfreiem Hundetraining auf Basis der neuesten verhaltenswissenschaftlichen Erkenntnisse verpflichten

REGISTER

BILDNACHWEIS

127 Farbfotos wurden von Anna Auerbach/Kosmos für dieses Buch aufgenommen.

IMPRESSUM

Umschlaggestaltung von GRAMISCI Editorial-Design, Claudia Geffert, unter Verwendung von 12 Farbfotos von Anna Auerbach/Kosmos.

Mit 138 Farbfotos.

Alle Angaben in diesem Buch erfolgen nach bestem Wissen und Gewissen. Sorgfalt bei der Umsetzung ist indes dennoch geboten. Der Verlag und die Autorin übernehmen keinerlei Haftung für Personen-, Sach- oder Vermögensschäden, die aus der Anwendung der vorgestellten Materialien, Methoden oder Informationen entstehen könnten.

Gedruckt auf chlorfrei gebleichtem Papier

ISBN 978-3-440-17897-3
Redaktion: Katja Pauls
Gestaltungskonzept: GRAMISCI Editorialdesign, München
Gestaltung und Satz: Claudia Adam Graphik-Design, Bad Kreuznach
Produktion: Angela List
Druck und Bindung: Westermann Druck Zwickau GmbH, Zwickau
Printed in Germany/Imprimé en Allemagne

FSC
www.fsc.org
MIX
Papier | Fördert gute Waldnutzung
FSC® C110508